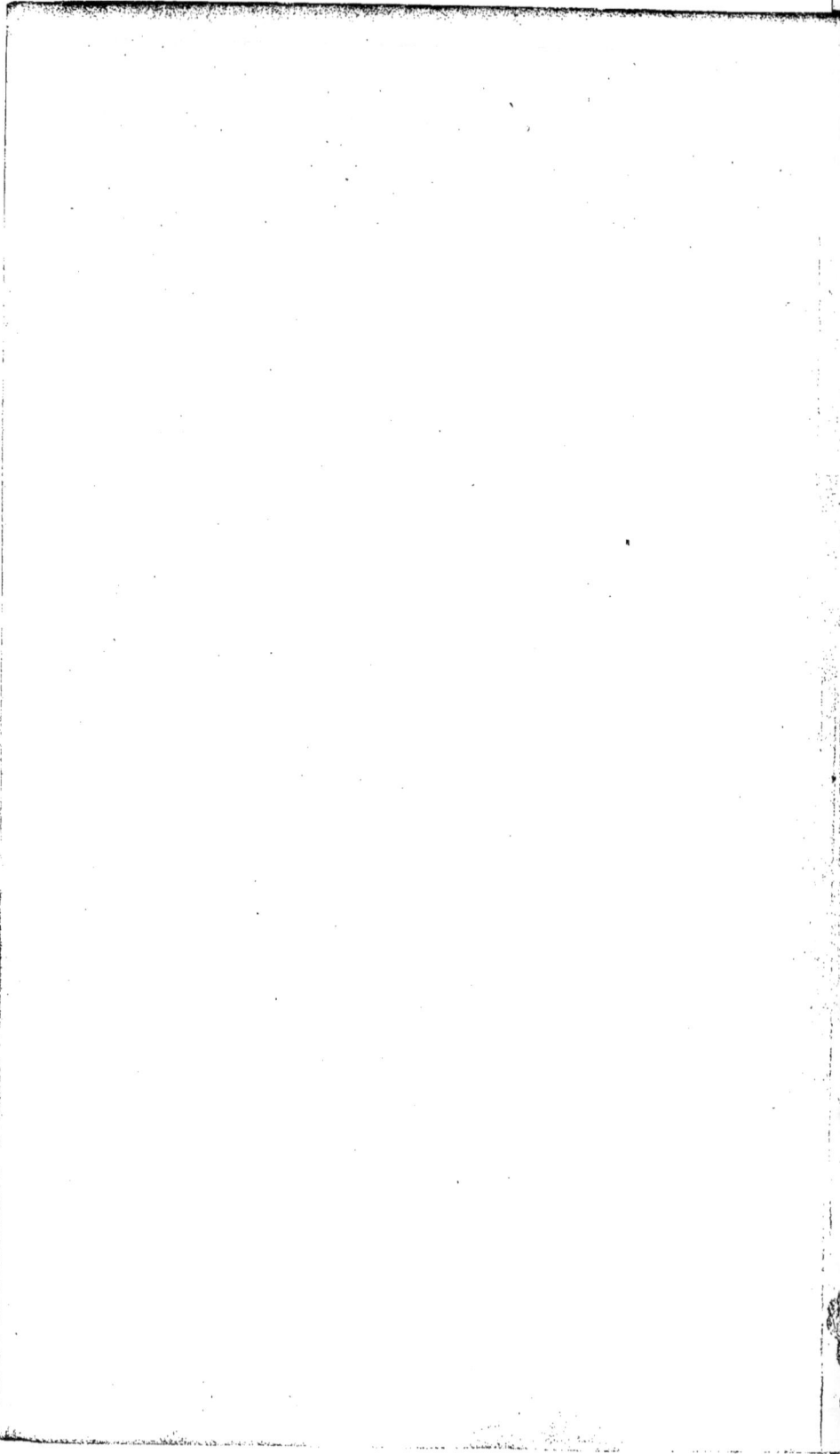

LA
FERTILITÉ DU SOL

CONFÉRENCE

À L'ASSOCIATION DES FERMIERS DE RICH NECK DU COMTÉ
DE QUEEN-ANNE (MARYLAND)

PAR

MILTON WHITNEY
CHEF DU BUREAU DES SOLS DU DÉPARTEMENT DE L'AGRICULTURE DES ÉTATS-UNIS

TRADUIT PAR

HENRI FABRE
Licencié ès sciences
Répétiteur de Chimie agricole à l'École nationale d'Agriculture de Montpellier

MONTPELLIER
COULET ET FILS, ÉDITEURS
Libraires de l'École d'Agriculture
Grand'Rue, 5

1907

COULET ET FILS, ÉDITEURS, MONTPELLIER

TRAVAUX DE LA STATION

DE RECHERCHES CHIMIQUES ET D'ANALYSES AGRICOLES

DE L'ÉCOLE NATIONALE D'AGRICULTURE DE MONTPELLIER

Prof H. LAGATU
Directeur

L. SICARD
Chimiste-Chef

Lire la suite à la 3e page de la couverture.

LA

FERTILITÉ DU SOL

CONFÉRENCE

A L'ASSOCIATION DES FERMIERS DE RICH NECK DU COMTÉ
DE QUEEN-ANNE (MARYLAND)

PAR

MILTON WHITNEY

CHEF DU BUREAU DES SOLS DU DÉPARTEMENT DE L'AGRICULTURE DES ÉTATS-UNIS

TRADUIT PAR

HENRI FABRE

Licencié ès sciences
Répétiteur de Chimie agricole à l'École nationale d'Agriculture de Montpellier

---

MONTPELLIER
COULET ET FILS, ÉDITEURS
Libraires de l'École d'Agriculture
Grand'Rue, 5

1907

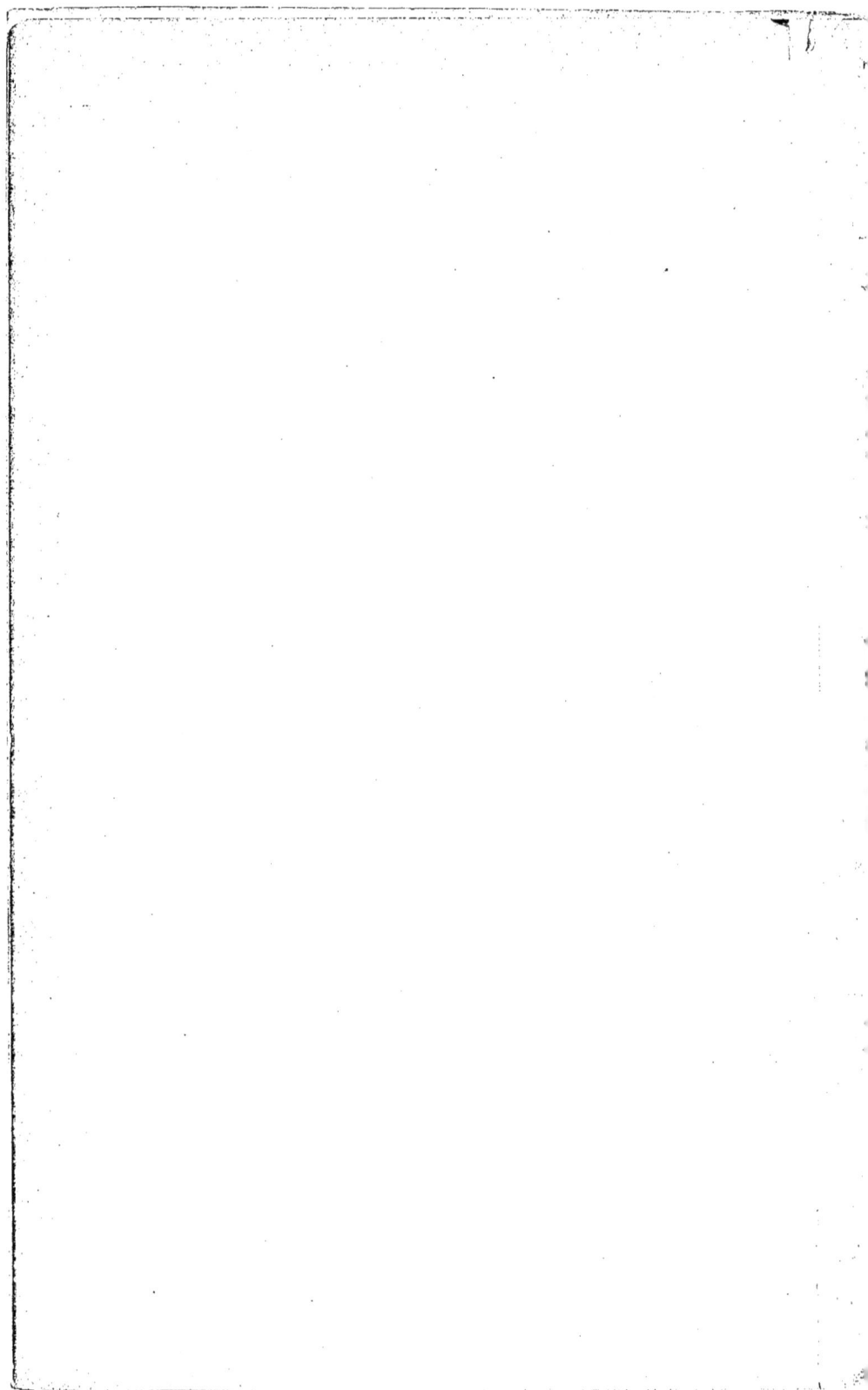

LETTRE DE TRANSMISSION

Département de l'agriculture des États-Unis
Bureau des sols
Washington, D. C. 20 avril 1906.

Monsieur,

J'ai l'honneur de vous transmettre ci-joint un opuscule intitulé « Soil Fertility » (La fertilité du sol). C'est une conférence faite au Club des Agriculteurs de Rich Neck, du comté de Queen Anne (Maryland). — J'ai essayé d'y exposer, en restant à la portée des agriculteurs, les résultats qu'ont donnés des études récentes. Je l'ai fait en un langage simple et sans insister sur les détails techniques qui servent de fondement à mes conclusions.

Cette publication a pour but de répondre aux multiples demandes adressées au Département de l'agriculture, par de nombreux agriculteurs, au sujet des meilleures méthodes qu'il convient de suivre pour maintenir la fertilité des terres arables et pour discerner quels engrais on leur doit ajouter. — J'espère que ce travail pourra les renseigner utilement, et je crois bon de le publier sous forme de Bulletin, tout en lui conservant son allure de conférence et de discussion. Cette forme est en effet d'une compréhension plus facile qu'un exposé didactique des faits.

Respectueusement.

Milton Whitney,
Chef du Bureau des sols.

James Wilson,
Secrétaire du Ministère de l'agriculture

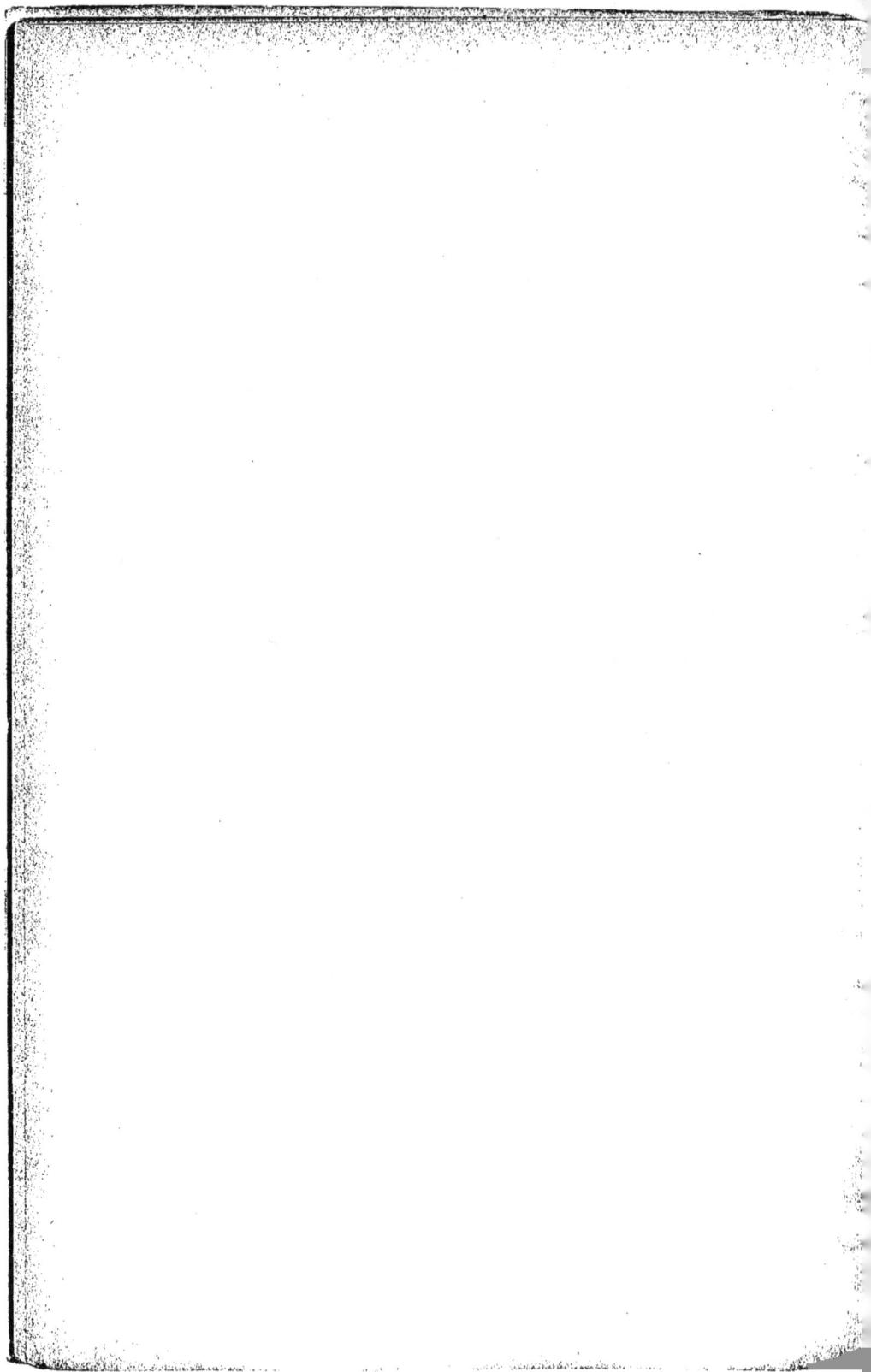

LA FERTILITÉ DU SOL

Le maintien de la fertilité du sol, dont vous m'avez prié de vous entretenir, est un sujet assez difficile à discuter dans une conférence. Il comporte, en effet, des détails si compliqués, dépendant tellement des conditions locales, qu'il n'est guère aisé d'en tirer des développements didactiques devant un public.

L'agriculture, en effet, est un art, et non une science; mais cet art peut être guidé et grandement influencé par l'étude scientifique et par la réflexion. Je ne crois pas que l'on puisse jamais réaliser des progrès en agriculture tant qu'elle ne sera qu'un art, c'est-à-dire tant qu'on ne lui trouvera pas des règles précises, comme en ont les sciences exactes.

Je voudrais vous entretenir, au sujet de la fertilité des terres arables, de certaines lois générales, que le *Bureau des sols du Département de l'Agriculture* a pu établir depuis une douzaine d'années, grâce au puissant concours que lui ont prêté ses chimistes et ses physiciens. D'après leurs travaux, nous comprenons aujourd'hui les principes de la fertilité des terres arables de façon infiniment plus parfaite qu'on ne l'a fait jusqu'ici.

Je vous exposerai les résultats obtenus sous une forme aussi simple que possible.

Il ne vous est pas imposé de croire à tout ce que je vous dirai. (Je ne crois pas moi-même que mon langage soit toujours l'expression d'une rigoureuse exactitude; je pense seulement que nos opinions sont des déductions sensées).

Je voudrais que vous réfléchissiez sur ce que je vais vous dire;

que vous voyiez si mes conclusions vous paraissent admissibles et en accord avec l'expérience que vous avez pu acquérir vous-mêmes dans vos fermes.

A la fin de ma conférence, après avoir discuté les causes de la fertilité des terres, je vous indiquerai une méthode que nous avons imaginée pour déterminer les exigences en engrais des sols cultivés. Vous pourrez utiliser cette méthode vous-mêmes, à la ferme, et si elle vous permet désormais de résoudre le problème des engrais aussi bien que vous savez déjà résoudre celui de la sélection du blé, je pense que l'art de l'agriculture en retirera un très grand bénéfice.

Mais avant de vous parler de la fertilité des terres arables, j'ai d'abord à vous entretenir de quelques sujets touchant le développement des végétaux.

Définition de la fertilité

Il ne faut pas confondre la *fertilité* d'une terre avec sa *productivité* en récoltes. On appelle, en effet, *fertilité* une propriété inhérente au sol, qui lui permet de donner une certaine quantité de récoltes, quand on le place dans des conditions aussi favorables que possible. Mais, en même temps que cette fertilité, d'autres facteurs influent sur la productivité en récoltes que ce sol peut donner.

C'est ainsi que, si plusieurs d'entre vous cultivent des champs ayant une fertilité identique, chacun obtiendra des récoltes fort différentes. La productivité de chaque champ dépendra des semences employées et du moment où on les aura épandues, de la façon dont le sol aura été préparé, des conditions climatériques plus ou moins favorables, etc.; mais la *fertilité du sol*, c'est-à-dire la quantité de récolte que ce sol est capable de produire quand il est placé dans des conditions optima, ne dépend pas de ces facteurs.

Je ne vous parlerai aujourd'hui que de cette *fertilité*, car il ne me serait pas possible d'étudier avec vous l'influence de tous les facteurs qui concourent à l'obtention d'une bonne récolte. J'écarterai, en particulier, la question de l'influence de la texture du sol, qui est si importante pour décider du choix de vos cultures, et je ne parlerai pas davantage des méthodes de culture, qui modifient pourtant la productivité et peuvent même parfois influencer la fertilité des terres arables.

La fertilité est sous la dépendance de quatre exigences principales, savoir : Les plantes ont besoin de respirer ; les plantes ont besoin de boire ; les plantes ont besoin de se nourrir ; enfin, les plantes doivent rencontrer un milieu hygiénique pour elles.

Les plantes ont besoin de respirer

Vous savez tous que les plantes respirent surtout par leurs feuilles ; mais cela ne leur suffit pas : elles ont besoin de trouver un supplément d'oxygène dans le voisinage de leurs racines. Les physiologistes ne sont pas tous du même avis sur la façon dont se comportent ces racines à l'égard de l'oxygène. Certains d'entre eux prétendent qu'il y a respiration véritable ; mais on n'a pu démontrer encore que ce phénomène était comparable à celui de l'absorption d'oxygène par les feuilles. Ce qui néanmoins n'est pas douteux, c'est que les plantes cultivées ont besoin de ce gaz autour de leurs racines pour se développer convenablement. Nous savons que la culture du sol est nécessaire pour le bon développement de la plupart des végétaux, car elle permet l'entrée plus aisée de l'oxygène et de l'eau dans la terre.

Les recherches faites par le *Bureau des sols* semblent indiquer que l'effet des façons aratoires ne consiste peut-être pas seulement à approvisionner les racines en oxygène. En remuant le sol, elles doivent permettre aussi l'évacuation de gaz toxiques provenant soit des plantes elles-mêmes, soit de l'action de bactéries sur les débris ou les *excreta* que ces végétaux ont laissés dans le sol. Le fait serait comparable à la lassitude, l'étourdissement et les maux de tête qu'éprouvent des personnes enfermées dans une chambre trop exiguë. On dit ordinairement que ces malaises proviennent d'un défaut d'aération, du manque d'oxygène et de l'accumulation d'acide carbonique. Les physiologistes pensent que cette explication n'est pas suffisante ; ils croient que des personnes ainsi enfermées sont gênées surtout par certaines émanations gazeuses provenant des poumons, et qui sont toxiques pour ces individus. On sait que les plantes sont excessivement sensibles aux gaz. Dans les rues de Washington, beaucoup d'arbres meurent par suite des fuites des conduites de gaz d'éclairage. Il y a ainsi chaque année dans le monde des centaines et peut-être des milliers d'arbres qu'il faut remplacer pour ce motif. Le plus souvent la quantité de gaz suffisante pour provoquer le dépérissement et même la mort d'un arbre est si faible qu'on ne peut la percevoir par l'odorat. Il semble ainsi très probable que la ventilation du sol permet à la fois l'introduction de l'air et le départ des gaz qui s'étaient formés dans son sein.

L'air doit encore pénétrer dans la terre arable pour oxyder les matières organiques excrétées par les plantes et maintenir par là les conditions hygiéniques du milieu. C'est ce que j'expliquerai plus loin. — L'aération, enlevant les gaz nocifs, peut donc permettre l'augmentation de la *productivité* d'une terre donnée, sans en modifier la *fertilité*. Elle agit pourtant sur cette dernière en oxydant les matières organiques.

Les plantes ont besoin de boire

Grâce aux travaux accomplis par le *Bureau des sols*, au cours de ces dernières années, on a pu établir les règles essentielles de la circulation de l'eau dans les terres arables.

On avait supposé jusqu'ici que les racines étaient fixes dans le sol, et que l'eau contenant des substances nutritives montait vers elles de façon constante, grâce au phénomène de la capillarité. Or si l'on compare la quantité d'eau, qui s'élève ainsi dans une terre prise à un état d'humidité moyen et satisfaisant, à celle qu'exigent les plantes pour vivre, on voit que cette quantité est insignifiante. Voici en effet une petite expérience, que vous pourrez reproduire vous-mêmes, et qui va vous surprendre. Prenez de la terre d'un champ munie de ce que l'on appelle une humidité optima, c'est-à-dire contenant la quantité d'eau qui convient le mieux au développement des végétaux ; remplissez-en un verre ordinaire, jusqu'à mi-hauteur ; ajoutez par dessus de la même terre sèche. Les deux couches seront reconnaissables par leur différence de couleur, la couche humide étant de couleur plus foncée. — Si vous couvrez alors le verre pour éviter l'évaporation, vous pourrez voir que la couche de terre sèche demeurera en cet état, sans qu'il y ait de montée appréciable de l'humidité de la couche inférieure.

M. Walker. — Vous placez donc la terre humide au fond du verre, et la terre sèche par dessus, en la tassant pour bien établir le contact ?

Prof. Whitney. — Parfaitement ; la rétention de l'eau par la terre humide sera telle, que la terre sèche ne pourra pas la lui enlever. — Notez que je n'envisage pas ici le mouvement rapide de l'eau soumise aux forces contraires de la capillarité et de la pesanteur comme cela a lieu dans une terre saturée, ou simplement très humide. Ce cas est de peu d'importance, pour vous, agriculteurs, si ce n'est à propos des terres de bas-fonds mal drainées. Je considère seulement le cas tel qu'il se produit pour des terrains de plateaux et de champs bien drainés, où le sol n'est que très rarement saturé, et qui en tous cas ne doit jamais l'être pendant qu'il porte des cultures (sauf bien entendu au moment même où il pleut). Je vous parle donc maintenant de la circulation de l'eau dans les terres non saturées et contenant même moins que la teneur optima. Ces terres peuvent posséder toutes les autres conditions favorables à la végétation ; elles sont en tous cas très loin de l'état de sécheresse absolue. Leur humidité est suffisante pour qu'elles conservent une certaine cohésion dans la main, et c'est alors que l'on suppose qu'elles complètent leur proportion d'humidité par ascension capillaire (cette dernière dépendant de leur texture).

C'est sans doute par une sage prévoyance de la nature que cette circulation d'eau doit ainsi s'arrêter, en même temps que sa concentration doit croître.

Je vous expliquerai, plus tard, comment il semble que les végétaux excrètent des substances toxiques, et comment le sol, grâce à son pouvoir absorbant considérable, en empêche le transport à l'état dissous, dans les solutions nutritives où les plantes vont s'alimenter.

Afin de lever toute obscurité sur ce point que je considère comme la clef du problème de la fertilité des terres, permettez-moi de vous remémorer les observations des physiologistes sur le développement des racines des végétaux. Vous pourrez ainsi voir comment les racines vont à la recherche de l'eau, car ce n'est pas l'eau qui va vers elles.

Les racines des plantes ne sont absorbantes que par leur partie terminale (plus exactement par la partie située à 1/10 de pouce [= 2 mill. 5] du sommet). Cette zone ne conserve sa propriété que pendant peu de jours, à peine trois ou quatre jours probablement ; puis elle la perd. Mais pendant ce temps la racine, ayant continué à s'allonger, se constitue une nouvelle zone capable d'absorber l'humidité et les éléments nutritifs d'autres couches du sol.

On voit ainsi qu'il n'y a pas de raisons pour que l'eau aille vers la plante, puisque cette dernière déplace constamment elle-même ses racines nourricières.

M. Walker. — Est-ce que cela est vrai pour toutes les plantes en voie de croissance?

Prof. Whitney. — Oui, au moins pour toutes les plantes cultivées. — Ce sont là des points à noter; et je vous en parle, non parce qu'ils ont un intérêt scientifique, mais parce que j'espère qu'en vous amenant à considérer le sol comme je le fais moi-même, à y comprendre de même l'économie des végétaux et leur mode de développement, vous pourrez vous expliquer quelques-uns des problèmes, considérés jusqu'ici comme très compliqués, de la fertilité des terres arables. — Après que l'extrémité des racines a cheminé dans de nouvelles couches et qu'une partie déterminée d'une racine donnée a cessé d'être absorbante, elle se recouvre d'une couche solide de cellules subéreuses, c'est-à-dire de liège. Il en est, parmi ces dernières, qui ont une forme allongée, on les appelle «cellules ballons» car elles sont pleines d'air. Leur rôle est d'empêcher une nouvelle introduction d'eau ou d'autres substances venant de l'extérieur. La raison de ce fait (s'il est possible de parler des lois de la nature sous ce point de vue) réside dans la nécessité d'empêcher certaines substances, excrétées par la plante elle-même, de pénétrer à nouveau dans ses tissus. C'est au moins le résultat de leur nouvelle conformation. Il semble que la plante se défende ainsi contre ses propres *excreta*. — Nous voyons ici l'importance du pouvoir absorbant de la terre arable : il permet d'arrêter et de retenir avec une grande ténacité les substances organiques rejetées par les racines, sans que l'eau puisse les entraîner autrement qu'en solutions très diluées, au moment des pluies. Je vous reparlerai d'ailleurs de tous ces faits en étudiant avec vous les conditions hygiéniques du milieu où se développent les végétaux.

Les plantes ont besoin de se nourrir

J'en arrive maintenant à l'une des parties les plus curieuses de mon sujet : l'alimentation des végétaux. Ce point intéressera ceux d'entre vous qui s'occupent de terres et d'engrais.

On a beaucoup discuté sur la nécessité de l'analyse chimique des terres arables et sur les applications que l'on en peut faire, en vue de la production des récoltes.

Lorsque le *Bureau des sols* a commencé son travail pour l'établissement de cartes agronomiques, son rôle devait être d'étudier les sols et de donner une interprétation aux résultats trouvés. Les cartes n'avaient point d'autre but.

Or, s'il était possible de comprendre ce qu'est en réalité une terre arable, et si nous pouvions arriver à saisir les caractères qui la relient à sa productivité en récoltes, nous pourrions dresser une carte où non seulement les sols seraient classés, mais où l'on pourrait encore noter leurs propriétés particulières, les récoltes que l'on doit leur confier, et la manière de les cultiver. Je crois qu'aujourd'hui, grâce aux recherches que nous poursuivons depuis une douzaine d'années, nous commençons à comprendre un peu plus clairement la chimie des terres arables. Cette chimie est fort intéressante et diffère absolument de ce que nous la croyions jadis. Il faut désormais que nous transformions nos conceptions sur ce sujet, de la même façon que nous avons dû renverser nos idées anciennes sur la nature des maladies et sur les lois du monde physique, idées et lois que nous croyions pourtant parfaitement comprises.

Nos livres classiques nous ont enseigné, sinon explicitement au moins de façon tacite, que la terre arable est le produit de la décomposition des roches : la terre serait ainsi de la roche entièrement décomposée. — Il n'en est rien : c'est simplement de la roche non agglutinée et on y trouve tous les minéraux qui se trouvaient déjà dans les roches solides originelles qui se sont désagrégées pour constituer la terre. — J'ai pu voir des terres de Californie exactement semblables à vos sables de Norfolk ou à vos terres rapportées de l'Eastern Shore, qui s'étaient formées sur place, à l'aide de roches granitiques, et il n'y a que des proportions d'eau insignifiantes qui soient intervenues dans cette formation. Les particules sableuses ne sont pas plus grandes que celles des terres d'ici, et on y retrouve exactement les minéraux contenus dans les roches originelles.

M. Walker. — Ces roches se sont donc désagrégées ?

Prof. Whitney. — Oui, et c'est à peine si elles se sont décomposées. C'est là le point sur lequel nous nous étions trompés jusqu'ici : la désagrégation des roches n'est pas forcément accompagnée d'une décomposition. Grâce à nos microscopes puissants et à des dispositifs appropriés, il nous est possible de voir et d'identifier des

particules très ténues de substances diverses, et en particulier nous
avons pu identifier dans des argiles les minéraux qui se trouvaient
dans les roches qui ont servi à les former. Les argiles sont ainsi
des poudres de roches contenant une certaine proportion variable
de produits de décomposition, mais surtout des particules inaltérées
de tous les minéraux communs constitutifs des roches. Ces minéraux
existent tels que dans le sol ; ils sont solubles, mais en proportions
très faibles. Leur solubilité est comparable à celle du verre de cette
table, lorsqu'on le réduit en poudre impalpable. Le professeur
Johnson a fait d'ailleurs cette expérience, il y a plusieurs années,
et il a vu que sa solubilité pouvait atteindre 3 pour cent (elle
variait surtout avec la grandeur de la surface de contact sur laquelle
l'action dissolvante de l'eau pouvait s'exercer).

La solubilité des minéraux est faible, mais elle n'est pas douteuse:
elle atteint 8 millionièmes pour l'acide phosphorique (PO^4) d'une terre,
ce qui fait 32 livres par acre (acre = 40 ares 46) et 20 à 25 millionièmes
pour le potassium (K). Cela correspond à une proportion élevée pour
1 acre de terre arable, d'une profondeur de douze pouces (30 centim.),
pesant environ 4 millions de livres (1 livre = 453 gr. 54) (1).

M. Walker. — Avez-vous trouvé que la potasse et l'acide phosphorique existent dans toutes les roches qui se désagrègent ?

Prof. Whitney. — Dans toutes les terres arables, il y a des particules de roches contenant de l'acide phosphorique et de la potasse.
Dans les centaines de solutions extraites de terres qui provenaient
de diverses régions que nous avons examinées, nous avons été tout
surpris de trouver que la composition et la concentration des substances dissoutes sont sensiblement les mêmes. Ces solutions circulent
dans toutes les terres arables de la surface du globe, où elles servent de réserve pour la nutrition des végétaux. Il est curieux de

---

(1) Si l'on se reporte au Mémoire original de Cameron et Bell (*The mineral
constituents of the soil solution*), ces chiffres sont relatifs, non à la terre elle-
même, mais à la solution qu'elle contient. Ces auteurs disent textuellement :
«Nous avons déterminé, avec une approximation que l'on peut considérer comme
suffisante, la concentration des liquides constituant à un moment donné l'humidité
des terres arables. L'extraction de ce liquide a été faite par deux méthodes et
leur analyse a donné une teneur moyenne de 27,3 millionièmes de potassium (K)
[soit 32,8 de K^2O] et 8,5 millionièmes d'acide phosphorique (PO^4) [soit 6,35 de
P^2O^5], ces résultats se rapportant à des extraits obtenus avec divers types de
terre d'origine et de compositions très diverses». — (*Note du Traducteur*).

voir que leur composition est sensiblement identique dans les sols sableux du bord des rivières, dans les terres à blé limoneuses des plateaux, dans les argiles Hagerstown de la vallée Shenandoah, ou dans les terres noires des prairies du West. Les minéraux, en se dissolvant, constituent la solution où les plantes s'alimentent. En effet, leur solubilité est faible, je vous l'ai déjà dit, mais elle est sensible. Elle est assez grande pour maintenir une concentration plus que suffisante pour l'alimentation des végétaux. On comprend aisément que toutes les terres arables contenant les minéraux communs constitutifs des roches aient ainsi dans leur sein des liquides ayant à peu près la même composition.

Cela est fort surprenant, mais nos expériences ont démontré qu'il ne pouvait rester de doutes sur ce fait, et toutes les terres contiennent ainsi assez de nourriture pour que les végétaux puissent y vivre. En outre, à mesure que les plantes absorbent les substances minérales dissoutes, de nouvelles quantités se dissolvent, de manière à rétablir la concentration primitive de ces solutions du sol. On ne peut donc parler de l'épuisement d'une terre arable qu'en donnant à cette expression un sens relatif. Cet épuisement doit cesser lorsque la solution de la terre a rétabli son titre, et je puis vous affirmer que ce résultat est aussi rapide que le peuvent exiger nos récoltes ordinaires.

Afin de démontrer nos affirmations, et d'en obtenir une démonstration certaine, étant donné que ces idées étaient absolument contraires à celles que l'on avait tirées jusqu'ici de l'étude des terres épuisées, et étant donné aussi le bénéfice que l'on peut retirer de l'emploi des engrais, le *Bureau des sols* a envoyé un certain nombre de ses auxiliaires dans toutes les régions des Etats-Unis. Ces auxiliaires devaient faire des déterminations en plein champ, à l'aide des méthodes les plus sensibles. Ils ont extrait les solutions constituant l'humidité réelle des terres arables, et ils ont trouvé que les terres contenaient toutes des proportions pareilles d'acide phosphorique, de potasse, de nitrates et de chaux. Cela, aussi bien dans les sols sableux de nos terrains d'alluvions que dans les *terres usées* de Virginie, aussi bien dans les terres fertiles riches en chaux de Pensylvanie que dans les terres noires des prairies du West. Nous avons recherché alors quelle était la quantité de nourriture que les plantes exigeaient pour vivre, et à quelle concentration il fallait la leur fournir, pour qu'elles puissent se développer. En réalité, les savants qui ont étudié cette dernière question n'ont pu affirmer des chiffres minima. Je

veux dire qu'ils n'ont pu affirmer jusqu'à quel minimum de potasse
et d'acide phosphorique il est possible de réduire la teneur des solutions nutritives, pour que les végétaux commencent à souffrir de la
faim (si l'on maintient, bien entendu, les autres conditions de vie).
Le pouvoir absorbant des végétaux pour les substances dissoutes
est, en effet, extraordinaire. On peut s'en convaincre en considérant
les algues de mer d'où on extrait l'iode. Cet iode provient de l'eau,
et celle-ci en contient pourtant si peu, qu'on ne peut arriver à le
déceler avec des méthodes excessivement délicates, même en con-
centrant le liquide jusqu'à un volume très faible. Les algues sont
pourtant parfaitement capables de retrouver l'iode dans ces solutions infiniment diluées, pour le fixer et l'accumuler dans leurs
tissus.

Mais, pour en revenir à la terre arable, il n'est pas douteux que la
concentration de la solution qui s'y trouve ne se maintienne constante par la dissolution des minéraux ; de plus, il n'est pas moins
douteux que les plantes ne puissent vivre avec des éléments nutritifs encore moins concentrés que ceux des solutions du sol. Mais il
est une question à propos de laquelle je ne voudrais pas vous induire
en erreur : nous ne disons pas que les végétaux ne se développeraient
pas mieux dans une terre où ils trouveraient une solution nutritive
d'un titre plus élevé que celui qui y existe actuellement. Nous
l'ignorons, en effet.

Je vais vous citer un exemple. Si vous demandez au *Département
de l'Agriculture* un échantillon des bactéries fixatrices d'azote, pré-
parées par le *Bureau de l'Industrie des plantes*, dans le but de provoquer la formation de nodosités sur les racines de vos cultures de
pois et de trèfle, vous recevrez une culture de ces bactéries enfer-
mée dans un petit tube scellé. Il y aura deux petits paquets de sels
joints à l'envoi. Vous dissoudrez l'un de ces paquets dans un certain volume d'eau, puis vous y ajouterez les bactéries. Vingt-quatre
heures plus tard, vous y ajouterez le contenu du second paquet qui
est du phosphate d'ammoniaque, et vos bactéries ne tarderont pas
à se développer abondamment si vous les maintenez à une température favorable. Vos bactéries se sont trouvées ainsi favorisées par
l'addition d'une cuillerée environ de phosphate d'ammoniaque. Or,
elles ne s'assimilent pourtant pas la totalité de ce sel. En effet, après
avoir attendu qu'elles aient formé un trouble abondant dans la solution, moment où vous deviez y tremper vos semences, ou en faire
l'épandage dans vos champs, vous pourrez séparer vos bactéries par

simple filtration et récupérer votre phosphate dans le filtrat. Ce phosphate pourra être utilisé à nouveau de la même manière, et cela un nombre indéfini de fois, avec des cultures successives de bactéries. Il ne serait évidemment pas pratique d'opérer ainsi, mais cela servirait à vous démontrer que la quantité de votre phosphate n'a pas sensiblement diminué. Pourtant, c'est avec cette concentration en phosphate que les bactéries se développent le mieux. Si vous demandiez la nécessité de maintenir une semblable concentration de la liqueur de culture en phosphate d'ammoniaque, on vous répondrait probablement que c'est dans le but d'éviter le développement d'autres espèces de bactéries et de levures. On empêche ainsi que ces dernières entrent en concurrence avec les bactéries fixatrices d'azote qui se développent dans le sucre et les sels de la culture. L'addition de phosphate ne sert ainsi qu'à défendre les bonnes bactéries contre d'autres végétations.

D'autre part, ceci n'est pas douteux : lorsque des plantes se développent dans un liquide nutritif, l'addition d'un excès de l'un des aliments n'est pas toujours avantageuse.

C'est ainsi que si l'on prend des plants de blé dans un champ, et si on les fait vivre dans un récipient plein d'eau à laquelle on ajoute de l'acide phosphorique, de la potasse et de l'azote à l'état de nitrate, ces plantes pourront atteindre leur maturité sans produire plus de grains que dans le champ d'où on les a enlevées. La terre arable sert de support aux végétaux, et c'est elle aussi qui leur fournit un apport constant d'éléments nutritifs.

Les cultures que l'on a pu faire exclusivement avec des solutions nutritives, en prenant des précautions particulières, nous ont seulement permis d'étudier la nutrition des végétaux. On a pu voir en particulier que le développement des plantes se fait mieux dans des solutions contenant des doses d'acide phosphorique et de potasse supérieures à celles que réclame leur végétation. Nous ignorons la cause de ce fait. Mais ce qui est certain, c'est que les solutions que contiennent toutes les terres arables ont une concentration plus que suffisante pour tous les besoins des végétaux.

Mais alors (et ce point est des plus intéressants pour les agriculteurs), puisque toutes les terres arables peuvent, comme je viens de vous l'expliquer, satisfaire aux exigences nutritives des plantes, et cela de façon continue, grâce à la solubilisation des minéraux, quel est le rôle des engrais? et quelle idée devons-nous nous faire des terres dites *épuisées?* C'est justement ce qu'étudie le *Bureau des sols*, et il a déjà trouvé des résultats très intéressants, conduisant à des applications pratiques.

Ce sujet m'amène à traiter la question suivante :

Les plantes ont besoin d'un milieu remplissant des conditions hygiéniques déterminées

Les plantes ne peuvent vivre que dans un milieu sain. Comme les animaux, elles rejettent des *excreta* dont elles doivent se débarrasser.

Les cultures de bactéries nous montrent constamment des preuves de cette affirmation. Vous savez, en effet, que si on laisse des bactéries vivre un temps suffisant dans un milieu donné, il vient un moment où elles se tuent elles-mêmes par leurs propres excreta. C'est ainsi que dans des cultures de bactéries nitrifiantes, il faut ajouter de la chaux pour neutraliser l'acide nitrique excrété par ces organismes, acide qui, si on le laissait s'accumuler, les tuerait sûrement. C'est la même raison qui fait chauler les terres, car on détruit ainsi, ou tout au moins on modifie, les émanations des bactéries, ce qui leur permet de se remettre au travail.

Il faut donc assainir les terres comme on assainit les écuries ou les étables. Si on négligeait de le faire, les substances rejetées par les végétaux ou formées par l'action des bactéries produiraient des substances acides, toxiques, qui pourraient affecter gravement et peut-être tuer les plantes cultivées.

Je crois qu'il me sera aisé de vous démontrer qu'il y a de ces substances toxiques dans la terre arable ; je crois tout au moins pouvoir arriver à ce résultat, que cette idée vous semblera si naturelle, que vous l'accepterez, et que vous chercherez dans vos exploitations à en faire les applications pratiques que je vous signalerai.

Il n'est pas logique, en effet, d'admettre l'idée de l'épuisement d'une terre arable, après les expériences où nous avons pu montrer que l'emploi d'engrais ne rendait pas toujours certaines terres immédiatement productives.

Il y a, par exemple, dans nos Etats de l'Est des régions de *terres épuisées* que l'emploi des engrais salins ne peut fertiliser. On a beau ajouter des proportions quelconques de potasse, d'acide phosphorique et de nitrates : elles ne deviennent pas fertiles pour cela. Cette infertilité est certainement due à la présence de substances toxiques dans le sol lui-même.

C'est là un phénomène que vous connaissez déjà, quand vous retournez certains sous-sols de vos champs. Il y a, en effet, des sous-sols qui sont toxiques pour la végétation, quand on les mélange à la terre arable. Par conséquent, s'il est parfois bon de faire des labours profonds, il y a des cas où les labours profonds sont dangereux (en particulier quand on fait des labours superficiels durant plusieurs années), car les labours profonds ont l'inconvénient de remonter le sous-sol à la surface et de le mélanger au sol. Il s'ensuit que ce sol peut parfois devenir infertile pendant plusieurs années.

Je connais un cas typique de ce genre qui s'est présenté dans un des États de l'Ouest, chez un propriétaire possédant une prairie sur laquelle on établit une ligne de chemin de fer. Cette prairie avait donné d'excellents rendements pendant plusieurs années. Le remblai de la voie fut établi précisément à travers la prairie. Il y demeura plusieurs années ; mais, à la suite d'un abandon de la voie ferrée, le propriétaire fut autorisé à enlever la partie du remblai qui recouvrait son champ. Il put ainsi exposer à nouveau à l'air et au soleil le sol de son ancienne prairie. Mais il lui fut impossible d'y faire pousser de nouvelles herbes. Il en fit cependant l'essai pendant plusieurs années : son sol, après avoir été ainsi recouvert, était devenu un véritable sous sol infertile.

Il n'y a d'ailleurs pas que le sous-sol qui soit dans certains cas toxique pour les végétaux, tant qu'on ne l'a pas exposé à l'air sous une faible épaisseur : le fumier lui-même peut être parfois également toxique, si l'on n'a pas eu le soin de l'aérer avant son emploi.

Un des exemples les plus intéressants que l'on puisse citer pour démontrer qu'il se forme des substances toxiques dans la terre, et qu'il en est de nocives seulement pour certaines récoltes, est donné par une série d'expériences de Lawes et Gilbert que plusieurs d'entre vous doivent avoir entendu citer. Il s'agit de cultures de pommes de terre répétées pendant 15 ans sur un même champ. Au bout de cet intervalle de temps, les pommes de terre ne se développaient plus du tout. D'après les conceptions anciennes, le champ était épuisé et devait manquer à coup sûr de certains éléments nutritifs indispensables aux végétaux. Or, et cela nous semble étrange avec la conception de l'épuisement du sol, bien que cette terre

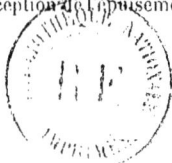

fût épuisée pour les pommes de terre, elle put alimenter d'autres
récoltes.

Cependant les analyses ordinaires montrent qu'il y a les mêmes
éléments dans toutes les plantes ; leurs proportions varient parfois,
mais ils y sont présents, et autant que nous le puissions savoir, tous
y sont nécessaires. Le champ «épuisé» en question, ensemencé avec
de l'orge, donne une récolte de 75 boisseaux (1).

Sur le devant de la pelouse de M. Walker, il y a un érable de belles dimensions ; les branches les plus basses sont à plus de 8 pieds
(0 m. 305 $\times$ 8 = 2 m. 44) du sol; l'herbe qui pousse sous cet arbre est
clairsemée et se développe mal. En particulier, au voisinage immé-
diat du tronc et le long des plus grosses racines qui partent de près
de la surface, le gazon est complètement mort. D'ailleurs tout autour
de l'arbre, même au delà de l'extrémité des branches, l'herbe est
plutôt chétive. Il est pourtant probable que le devant même de
l'habitation du propriétaire doit être l'objet des soins particuliers,
et je ne pense pas que M. Walker soit porté à lésiner beaucoup sur
l'emploi d'engrais, si ceux-ci pouvaient rendre cette partie de sa
pelouse aussi belle que le reste. En fait, tous les engrais qu'il y a
ajoutés sont demeurés sans effet utile. L'explication que l'on donne
d'ordinaire pour des faits de cette sorte, c'est que le gazon ne peut pas
vivre à l'ombre d'un arbre, et qu'en outre l'arbre enlève tant d'eau
et tant de substances nutritives qu'il n'en reste plus assez pour permettre la vie d'autres plantes. Cette raison n'est pas logique, en tous
cas en ce qui concerne les effets très visibles immédiatement autour
du tronc de l'arbre, là où ce dernier ne puise ni humidité ni aliments.
D'ailleurs d'autres arbres de la pelouse, qui sont même plus grands
et font à coup sûr une ombre plus dense, n'influencent pas autant
le développement de l'herbe qui croît à leur pied.

Dans les champs de l'Institution Smithsonian, à Washington, j'ai
observé ce phénomène de l'herbe qui dépérit au pied des arbres. J'ai
durant plusieurs années pu remarquer que ce phénomène était particulièrement net sous les arbres appartenant à certaines familles.

---

(1) Le *Boisseau Impérial* utilisé surtout en Angleterre et seul légal vaut 36 litres 38 environ, il est de $\frac{1}{32}$ plus grand que le *Boisseau Winchester* supprimé
en 1826, mais encore utilisé aux États-Unis. — (*Note du Traducteur*).

Dans les sols en pente il s'étendait visiblement davantage dans la direction du drainage.

De plus, si l'on observe après une pluie le dépérissement des herbes situées sous un arbre, on peut voir que ce dépérissement chemine du haut de la plante vers le bas, c'est-à-dire que les feuilles meurent avant les racines.

Pour nous, ce fait s'explique en admettant que ces plantes sont empoisonnées par l'eau qui s'est écoulée des arbres après avoir lavé les *excreta* ou substances de rebut de l'écorce et des feuilles. Leur effet s'ajoute à celui des substances que sécrètent à coup sûr les racines. Cette explication nous semble être la seule raisonnable. L'influence de l'ombre ne suffit point, en effet, étant donné que la dépression de la végétation est aussi marquée du côté de l'arbre exposé au soleil que de l'autre. Le manque d'eau ou d'éléments nutritifs minéraux est tout aussi insuffisant, car il serait aisé d'y suppléer artificiellement.

Il m'est tout à fait impossible d'essayer de vous donner une preuve scientifique de cette idée qu'il y a des substances toxiques sécrétées par les plantes. Ce n'est d'ailleurs qu'à demi-désirable, car je puis donner d'autres exemples pour vous faire comprendre le fait que j'essaye de vous démontrer : ces excreta, tant qu'ils ne sont pas transformés et rendus inoffensifs, ou tant qu'on ne les enlève pas de la terre arable, compromettent la vie des plantes.

Ces faits nous amènent à comprendre l'utilité du recouvrement subéreux des racines, dont je vous ai entretenus au début de cette conférence, en vous promettant de vous en reparler : les plantes, excrétant des substances organiques toxiques pour elles mêmes, recouvrent d'une enveloppe perméable la partie absorbante de leurs racines, dès que celle-ci perd sa propriété, afin sans doute de l'empêcher d'absorber ses propres effluves.

Je pourrais vous dire que le rôle de la terre arable doit être de mettre la plante à l'abri de ces excreta. Elle doit pouvoir le remplir soit à l'aide de ses bactéries, soit par son pouvoir absorbant, soit par des oxydations directes. En fait, nous ignorons le procédé employé. Il est probable que tous ces facteurs doivent intervenir.

Dans certains sols, dans une motte engazonnée de prairie par exemple, les conditions hygiéniques sont presque parfaites. Mais dans nos terrains ordinaires, si l'on cultive plusieurs fois de suite une même récolte en un même champ, il s'accumule des substances organiques qui ne sont pas de l'humus.

Nous savons pourtant par expérience que les terres foncées bien drainées sont généralement plus productives que celles qui sont de couleur claire, et que les terres noires de prairies sont généralement très productives. Nous attribuons leur fertilité à leur teneur en matières organiques. De plus, les recherches du *Bureau des sols* ont démontré qu'il n'y a pas, comme on le croyait jusqu'ici, une bien grande différence entre les substances organiques du sol et celles du sous-sol; cependant il n'est pas douteux que la matière organique du sous-sol ne constitue autre chose que de l'humus. Elle constitue d'autres formes qui n'ont pas de couleur propre. C'est par l'aération et la culture qu'on peut les transformer en humus reconnaissable à sa couleur foncée. Cette formation d'humus améliore le sous-sol et le transforme en sol fertile.

Nous avons, en effet, étudié le rôle de l'humus extrait de terres cultivées sur des plantes en voie de développement. Nous ne lui avons reconnu aucune action: il semble n'être ni utile ni nuisible. C'est seulement une forme stable de la matière organique, qui peut se maintenir dans le sol pendant plusieurs années. Ainsi on peut soumettre l'humus à des températures fort différentes sans le modifier. Il semble être beaucoup plus stable que le bois. Il forme d'ailleurs un des derniers stades de la décomposition du bois quand ce dernier se trouve à un état de fine division dans le sol.

A mon avis, l'humus, dont la composition est analogue à celle du charbon, est la forme la plus stable de matière organique que nous connaissions. La chose va peut-être vous sembler excessive, mais vous pourrez convenir avec moi que cette forme est certainement la plus fixe que nous connaissons dans la nature.

D'ordinaire, en effet, quand on ajoute de la matière organique à un sol, où de bonnes récoltes peuvent se développer, on voit que la plus grande partie de cette matière organique se transforme en humus et semble ainsi mise à l'abri.

Je crois que cette formation de l'humus constitue une méthode naturelle de purification du sol. (L'humus n'est jamais nuisible pour les végétaux, alors que divers autres états de la matière organique peuvent l'être ou le devenir).

D'ailleurs, outre qu'il joue un rôle physique dans l'ameublissement de la terre arable et qu'il en augmente le pouvoir absorbant pour l'eau (effets très utiles qui augmentent la production des récoltes), l'humus semble, en se formant, constituer un égout pour les plantes. Grâce à l'intervention de bactéries, ou par une oxydation directe, il rend les excreta inoffensifs, et cela produit le même résultat que si on les enlevait du sol. On voit aussi qu'une terre qui humifie bien la matière organique doit être fertile, car elle peut se maintenir dans un bon état sanitaire. Ce point est-il clair pour vous?

M. Harris.— Il le serait encore davantage, si vous nous indiquiez le temps qu'il faut aux végétaux pour devenir de l'humus.

Prof. Whitney. — Il y a ordinairement une différence nette entre la couleur de la matière organique du sol et celle du sous-sol, et c'est à l'humus qu'il contient que le sol répandu à la surface du globe doit sa teinte plus foncée.

Il n'est pas douteux que la terre arable que nous cultivons de nos jours ne soit pas la même que celle qu'ont travaillée nos ancêtres ; mais il est des cas où cette terre arable a pu se maintenir, en dépit des causes d'érosion. C'est grâce au transport des débris minéraux que prennent naissance des terres nouvelles; et vous savez tous que, si un accident venait à enlever la terre arable d'une partie de votre jardin et si vous désiriez en convertir le sous-sol en terre fertile, il vous faudrait d'abord bêcher ce sous-sol. Cela vaudrait mieux que de le labourer, parce que du bêchage résulte un état de division meilleur. Il faudrait jeter là terre en l'air pour l'aérer le plus possible. Au bout de quelque temps, votre sol bêché ne tarderait pas à prendre une couleur plus foncée. Ces blocs d'argile prendraient d'abord un aspect rougeâtre mi-clair, mi-foncé, comme l'échantillon que voici, qui commence à devenir de la terre arable, par suite de la transformation de sa matière organique en humus. C'est l'aération qui amène cette matière organique à devenir de l'humus.

Le morceau de sous-sol que voici demanderait environ trois ans, si on n'y ajoutait ni fumier, ni engrais, pour transformer sa matière organique en humus, par simple oxydation, et pour devenir une bonne terre fertile.

Est ce bien ce que vous me demandiez?

M. Harris. — Oui, Monsieur; mais nous ne pouvons généralement pas attendre trois ans une telle transformation, et nous désirerions avoir une méthode plus rapide.

M. Walker. — Il en est parmi nous qui ont attendu davantage. Mais croyez-vous qu'il soit possible de transformer un sous-sol en terre arable en faisant intervenir l'action de l'atmosphère, des pluies et des engrais? Puis-je espérer moi-même une semblable transformation en trois ans, en n'utilisant que la bêche, le soleil, l'air et l'eau ?

Prof. Whitney. — Pas toujours, mais cela vous sera souvent possible. Il vaudrait mieux, d'ailleurs, que vous ajoutiez un peu de fumier à vos bêchages.

M. Walker. — J'insiste sur ce point.

Prof. Whitney. — En trois ans, il est possible d'obtenir une terre arable avec ce qui ne constituait auparavant qu'un sous-sol.

M. Walker. — Mais, au lieu de prendre un bon terrain, ne pourriez-vous pas en prendre un mauvais ?

Prof. Whitney. — Si. Mais je ne vous recommanderai pas ce procédé comme très pratique. Il faudrait s'aider de fumier et d'engrais verts pour activer la transformation.

Le pouvoir absorbant de la terre arable joue un grand rôle en retenant les excreta des plantes. La ténacité avec laquelle il fixe, en effet, les substances organiques est telle qu'on ne peut séparer ces dernières par des lavages à l'eau.

On peut démontrer cette affirmation à l'aide de teintures que l'on verse sur divers échantillons de terre. Il filtre seulement de l'eau limpide. La teinture était pourtant très soluble dans l'eau avant qu'on ne l'eût mise au contact de la terre.

Il est probable que cette terre fixe les excreta organiques des plantes de la même façon que les teintures. Etant donné que les racines s'enveloppent d'une couche protectrice subéreuse dès leur excrétion, et étant donné aussi que le déplacement de l'eau dans des terres modérément humides est excessivement lent et presque négligeable, on s'explique que les racines ne soient pas gênées par leurs propres excreta.

Voici un petit pot qui contient environ une livre de terre (455 gr. 54) et six plants de blé en plein développement. (Je vous indiquerai tout à l'heure à quoi le tout est destiné). Si nous laissions ces plants de blé se développer pendant trois semaines et si nous les coupions au moment où ils ont à peu près cette taille (*le professeur montre un des pots*), pour les remplacer immédiatement par six autres plants, nous pourrions voir que le développement de cette seconde série serait à peu près moitié moindre que dans le premier cas. On pourrait donc dire, si l'on mesure la fertilité d'un sol par le développement de ses récoltes, que le poids de terre employé a été épuisé par le développement, pendant trois semaines, de six grains de blé.

M. Walker. — Cela démontrerait que vos végétaux ont absorbé toute la partie nutritive du pot.

Prof. Whitney. — C'est ce que l'on aurait pensé autrefois. Laissez-moi vous exposer ce que l'on croit aujourd'hui.

Je vous ai donc dit qu'après avoir fait développer six tiges de blé dans un pot, je les arracherais pour les remplacer immédiatement par six autres, j'établirais en même temps une nouvelle série de six plants de blé analogues dans un pot identique encore inutilisé. La récolte de ce dernier pot serait deux fois plus belle que celle de l'autre.

D'après les théories anciennes, ce fait serait dû à l'épuisement de la partie nutritive de la terre du pot ayant déjà porté une récolte. Mais, s'il en était ainsi, nous n'aurions qu'à lui ajouter de nouvelles substances nutritives, de manière à rendre possible le développement d'autres récoltes. Nos laboratoires ont en effet assez d'acide phosphorique, de nitrates, etc., pour fertiliser une livre de terre arable. Or l'expérience montre que, en dépit de l'adjonction, même surabondante, de tous les éléments nutritifs que peut exiger une seconde récolte, nous ne pourrons pas en obtenir un développement convenable, si elle est de la même espèce que celle qui l'a précédée, et si on la met en terre immédiatement après qu'on en a enlevé cette dernière.

Que faut-il donc faire pour obtenir une récolte dans ce pot paraissant épuisé?

Il suffira d'en mélanger intimement la terre à des *pois-à-vache* (1)

---

(1) En américain *cow-pea*, littéralement *pois-à-vache*. Il s'agit là d'une légumineuse qui, d'après M. Vilmorin, est le *Vigna Catjang* (Walpers) ou le *Vigna sinensis* (Endlicher), ou encore *Dolichos Catjang* (Linné) et *Dolichos sinensis* (Linné). Ce sont des variétés de dolics (haricots à longue gousse), que l'on cultive parfois dans le midi de la France pour en manger le fruit appelé *haricot noir*.

Voici d'ailleurs la description que donne de cette plante le catalogue de « Burpee et Cⁱᵉ », grainetiers à Philadelphie :

Clay cow-pea.— On appelle ainsi un petit haricot à développement vigoureux et rapide. Le feuillage très abondant est vert foncé brillant. On peut couper les tiges soit pour les faire manger à l'état frais, soit pour les sécher et les conserver pour l'hiver.

On peut encore les ensiler. Dans ce but on sème les graines avec du blé, puis on coupe le mélange des deux plantes quand le développement en est suffisant. C'est un fourrage convenant très bien à l'ensilage.

Cette variété est très vigoureuse et très productive en graines sèches. Il ne faut pas la planter sous des arbres touffus. En lignes distantes de 3 pieds (0ᵐ91), on emploie un demi-boisseau (18 litres environ) de semence par acre coupés menus, comme vous le faites d'ailleurs dans vos champs. La récolte que donnera alors le pot sera double de ce qu'elle eût été, et égalera celle qu'eût fournie de la terre venant directement du champ.

Grâce à cette adjonction de pois-à-vache, il sera possible de faire développer trois récoltes de blé successives dans un même pot, sans que la production s'abaisse au niveau où elle se limitait avant ce traitement de la terre.

Cet exemple, qui montre un cas où des engrais salins n'améliorent pas un sol après une culture de blé, n'est pas général; mais il sert à faire comprendre ce qui se passe parfois. Il est d'autres cas où les engrais salins ont une influence meilleure que les pois-à vache. Il en est de même où cet engrais vert est nuisible.

M. Walker. — Les pois-à-vache ont décidément un mérite bien remarquable!

Prof. Whitney. — Nous avons été plus loin, et nous avons essayé de savoir si ce ne seraient pas les sels apportés au sol par les pois qui agiraient plutôt que leur matière organique.

M. Walker. — Les pois utilisés étaient-ils verts ou secs?

Prof. Whitney. — Verts, car nous avons trouvé qu'ils agissaient ainsi beaucoup mieux qu'à l'état sec.

Afin de savoir si l'effet de ces pois était dû à l'apport des sels en'evés aux terrains où s'ils s'étaient developpés, ou à leur matière organique propre, nous les avons soumis à la calcination. Les cendres, contenant de l'acide phosphorique et de la potasse, ont été additionnées d'autant de nitrates qu'il y en avait dans les pois, puis on les a ajoutées au sol. Ce dernier n'a pas été fertilisé.

Il y a plus. A l'aide d'autres procédés, nous avons pu séparer les sels contenus dans du fumier et dans d'autres pois, puis nous les avons ajoutés séparément à des pots de culture. Leur effet n'a pas égalé celui de la matière organique; parce que c'est elle, en effet, qui fertilise cette terre déterminée.

(10 ares 46). A la volée, on emploie un boisseau. En poquets écartés de 4 pieds, un quart de boisseau suffit. La récolte est d'autant plus grande que l'on sème plus tôt au printemps, car cette plante se développe régulièrement jusqu'à ce qu'elle soit atteinte par les gelées. — Prix : par paquet 0 fr 50; par pinte (57 centilitres) 1 fr.; quart (2 pintes = 1 litre 14) 1 fr. 75. — (*Note du Traducteur*).

Les idées que je vous expose ainsi tout au long ne sont pas toujours applicables, et il n'est pas douteux que les engrais doivent parfois agir comme éléments nutritifs pour les végétaux, de même que le fumier et les engrais verts doivent parfois agir par les sels qu'ils renferment. Mais ce dont nous avons la preuve, c'est que l'action favorable des pois-à-vache et du fumier est due en grande partie à leur matière organique même, et aux modifications qu'elle provoque dans le sol.

La matière organique du fumier et des engrais verts pouvant se transformer facilement en humus semble purifier la terre arable, en modifiant ou en enlevant les substances organiques toxiques laissées par les récoltes précédentes. La certitude que la terre n'est pas épuisée en éléments nutritifs pour les végétaux est démontrée par le fait que, en dépit des apports de matières nutritives qu'on puisse faire au sol dont je vous parle, il n'est pas possible d'obtenir immédiatement une seconde récolte aussi belle que la première.

Toutefois, si l'on ajoute une substance organique comme celle qu'apportent les pois-à-vache, ou encore telle que le pyrogallol utilisé en chimie (vous devez sans doute le connaître tous, car il sert en photographie pour le développement des clichés), cet acide pyrogallique n'est pas nutritif pour les végétaux, mais il semble agir exactement comme les pois-à-vache : on peut en effet faire développer grâce à lui trois récoltes de blé successives, avant que le sol ne redevienne peu fertile.

Ne croyez pas que je vous conseille l'emploi du pyrogallol comme devant remplacer les pois. C'est en effet un produit chimique coûteux, qui ne sert qu'aux expériences scientifiques.

M. Walker. — Permettez-moi de vous demander s'il faut couper les pois ou le trèfle avant de les enterrer, ou s'il faut les labourer immédiatement?

Prof. Whitney. — Le mieux serait de les couper très menu quand ils sont verts, et de les mélanger alors à la terre.

M. Walker. — A l'aide d'un épandeur de fumier, n'est-ce pas?

Prof. Whitney. — Oui. Mais le fauchage entraîne une dépense. Je ne vous le conseille pas ; cet exemple me permet seulement de vous faire comprendre ma conception de la fertilité des terres arables. Je n'ai pas besoin non plus d'insister pour vous dire que je ne conseille pas l'emploi du pyrogallol qui coûte deux livres sterling (2 × 25 f. = 50 f.) la livre (425 gr.) ou la mouture des tiges de pois, telle que nous la faisons dans nos pots.

M. Walker. — Ce que l'on doit ajouter aux terres arables sert-il à les purifier ou à les nettoyer?

Prof. Whitney. — Cela sert à transformer les substances toxiques. J'espère d'ailleurs pouvoir vous démontrer de façon certaine ce que je vous avance. Je compte que nous pourrons identifier sous peu quelques-uns de ces excreta toxiques. Jusqu'ici nous avons constaté seulement leurs effets, nous les avons certainement manipulés; mais nous n'avons pas pu les séparer et les mettre dans un récipient avec l'étiquette «Ceci est une toxine». Leur proportion dans la terre est probablement si minime qu'il est très difficile d'en séparer une quantité suffisante pour pouvoir l'étudier comme un sel ou toute autre substance minérale. Ces toxines sont comparables aux ptomaïnes et à certaines toxalbumines qui se produisent au cours de la putréfaction de la viande. Ces substances sont très toxiques pour l'organisme humain, mais on ne peut pas les isoler aisément pour les étudier.

Ces toxines doivent se transformer et se décomposer avec une facilité variable, et notre conviction est que les engrais chimiques agissent souvent sur elles comme le fumier ou les engrais verts, en les modifiant de telle sorte que le sol s'en trouve débarrassé.

Toutes les substances que nous employons comme engrais ont un pouvoir analogue à celui que les nitrates exercent sans nul doute sur les matières organiques. Vous savez notamment combien est rapide la détérioration des sacs de jute après qu'ils ont contenu des superphosphates, de la kaïnite ou du nitrate de soude, si on les abandonne dans un endroit même peu humide : il semble que les faibles proportions d'engrais que l'on ajoute aux terres arables agissent de même sur les excreta toxiques, purifiant ainsi le sol et lui permettant d'assurer la croissance des végétaux.

A notre avis, les engrais agiraient plutôt par ce mécanisme que par apport de nourriture végétale.

M. Harris. — Peuvent-ils agir chimiquement ainsi?

Prof. Whitney. — C'est de leur action chimique que je parle.

M. Harris. — L'action est-elle directe?

Prof. Whitney. — Elle semble plutôt être indirecte.

M. Anthony. — Pouvez-vous nous dire quelle est la forme d'engrais qui agit le mieux pour faire disparaître ces poisons dont vous nous parlez?

Prof. Whitney. — Je vais vous le dire dans la suite de mon entretien.

En cherchant à comprendre les principes de la fertilité des terres arables, nous avons trouvé que le liquide qui constitue l'humidité de différents terrains, qu'ils soient fertiles ou pauvres, contenait la même quantité d'acide phosphorique, de potasse et de nitrates.

Ce n'est pas sans appréhensions que nous avons publié cette conclusion, car nous ne la croyions pas possible nous-mêmes. Nous avons trouvé que nous avions pourtant raison, et c'est pour cela que j'ai essayé de vous faire comprendre comment je crois que les engrais agissent, et pourquoi il faut les employer. Leur rôle consiste souvent à purifier le sol, et je crois que c'est bien ainsi qu'agissent le fumier et les engrais verts. Je crois que ce rôle n'est pas le même dans toutes les terres.

Voici par exemple une terre de Iowa dont la productivité diminue chaque fois qu'on lui ajoute du fumier d'étable. Cela vous semble fort étrange, car un pareil cas est tout à fait exceptionnel, et je ne m'étonne pas de vous voir sourire. Néanmoins c'est là un fait certain, qui a été confirmé par nos champs d'expériences ; les lots qui ont reçu du fumier d'étable ont produit une récolte inférieure à celle du lot témoin.

M. Walker. — Cela s'est-il produit pour plusieurs récoltes successives, ou pour une série de récoltes identiques ?

Prof. Whitney. — Cela est toujours vrai, et on peut ériger en règle que l'emploi du fumier ne donne aucun profit dans cette terre et qu'il a même un effet nettement nocif.

Les faits que je viens ainsi de vous exposer font comprendre qu'il est nécessaire d'établir une rotation de récoltes. Si, en outre, le sol ne peut se débarrasser des substances toxiques excrétées par les végétaux, ou s'il ne peut les transformer, il sera bon que nous l'y aidions par la culture, l'aération ou l'oxydation.

Dans plusieurs assolements, tout particulièrement en Europe, on reconnaît la nécessité de la jachère. On a remarqué qu'une terre qui s'est reposée donne presque toujours de plus belles récoltes. Il peut arriver, et c'est ce que nous voyons en Amérique, que les bénéfices ainsi obtenus ne soient pas assez grands pour justifier la perte d'une récolte. Ce qui demeure certain, c'est que la jachère est généralement utile aux terres arables.

On peut d'ailleurs maintenir autrement la fertilité de ces terres : c'est par le choix d'un assolement qui fait croître chaque année dans chaque champ une récolte qui ne se trouve pas incommodée par les excreta de la récolte qui l'a précédée. Lorsqu'arrive le moment de replanter cette même récolte dans le même champ, ce dernier a eu largement le temps de se débarrasser des excreta produits par les plantes qu'il avait portées deux ou trois ans auparavant.

C'est là, à mon avis, ce qui doit être la base ou la raison de nos assolements : il faut que les substances excrétées par une plante ne soient pas toxiques pour celles qui viendront après, et que le sol ait le temps de se purifier lui-même. C'est ainsi que je vous ai dit que de l'orge put suivre à Rothamsted une culture de pommes de terre que l'on avait maintenue si longtemps dans un champ, que celui-ci refusait d'en produire de nouvelles. L'orge ne fut pas affectée par les excreta des pommes de terre, et après que l'on eut semé encore une récolte à la suite, le sol fut capable de produire de nouvelles pommes de terre.

Dans d'autres expériences de Lawes et Gilbert, on a pu maintenir pendant 50 ans une récolte d'environ 30 boisseaux de blé sur un même champ qui recevait un engrais complet. Ces expérimentateurs avaient vu que la récolte du blé s'abaissait de 30 à 12 boisseaux quand on n'ajoutait pas d'engrais dans cet intervalle de temps. (C'est encore la récolte que l'on obtient aujourd'hui dans ce champ témoin). Grâce à une alternance des cultures, il fut possible de maintenir la récolte à 30 boisseaux. L'alternance produisait le même effet que l'addition d'engrais.

M. Walker. — Quel était cet engrais ?

Prof. Whitney. — C'était un mélange fort bien compris de phosphates, de nitrates et de sels potassiques.

M. Walker. — Quel est l'élément qui semble le plus utile ?

Prof. Whitney. — Je ne puis que difficilement vous le dire.

M. Dewberry. — Quel était l'assolement employé ?

Prof. Whitney. — C'était un assolement de quatre ans : blé, racines, orge et enfin trèfle, fèves ou jachère. De cette façon le blé revenait tous les quatre ans sur le même sol.

M. Dewberry. — Il y avait une récolte différente chaque année?

Prof. Whitney. — Oui.

Méthode par les pots de paraffine permettant de connaître les besoins en engrais des terres arables

Nous pouvons nous demander maintenant quel est l'engrais que nous devons utiliser dans nos champs. Voilà, en effet, ce que nous voulons savoir et c'est là l'utilité, le but final de l'étude de la terre arable et de son analyse.

Si notre interprétation sur le mode d'action des engrais est exacte, il en faut conclure (et vous devez le faire sans peine) que les nitrates doivent modifier une certaine catégorie de matières organiques, les phosphates une autre, les sels de potasse une troisième. Parfois même le mélange de deux ou trois de ces substances doit être plus efficace que leur action individuelle. Dans d'autres cas, si nous ne pouvons pas relever la fertilité d'une terre à l'aide de ces substances, nous aurons recours aux engrais verts, au fumier, à une culture plus profonde aérant davantage la terre, ou enfin à quelque autre procédé encore plus énergique.

Il n'est pas douteux que des substances toxiques sont excrétées directement par les végétaux, ou qu'elles se forment dans le sol à partir de leurs excreta. Des plantes différentes doivent engendrer des excreta différents. Il est possible que ces excreta se transforment en produits toxiques variables suivant les sols.

Non seulement ces produits toxiques doivent différer d'une plante à une autre et d'un sol à un autre, mais ils ne doivent pas être toujours les mêmes pour les mêmes plants et les mêmes sols. Nous savons, en effet, et tous ceux d'entre vous qui utilisent des engrais le savent aussi, que l'action des engrais est variable suivant les années. Il s'ensuit que nous ne pouvons savoir quel est l'engrais le plus efficace sur une terre donnée qu'après une période d'une dizaine d'années. Si cette indication pouvait être connue pour une année donnée, et si elle pouvait être utile pendant les 10 ou 20 années suivantes, nous ne manquerions point de la rechercher. Nous étudierions d'abord sur un champ quels sont les engrais les plus efficaces, et nous fixerions ce point une fois pour toutes. Cela constituerait la formule des besoins de chaque terre, et on en tiendrait compte dans le prix de vente des propriétés. Mais une fois passée la période d'efficacité d'un engrais, il n'est plus possible d'obtenir avec cet engrais des résultats identiques : l'année suivante l'influence des saisons est telle, que nous ne sommes plus du tout fixés sur cet emploi. Il s'ensuit que si l'on utilise cette méthode pour choisir les engrais qu'une terre demande pour recouvrer sa fertilité (je ne dis pas pour accroître la production de ses récoltes), il est nécessaire de supprimer autant que possible les causes d'erreur dues aux agents atmosphériques. L'élimination de ce facteur permettra de reconnaître l'action réelle des engrais sur le sol.

Nous avons établi une méthode très simple qui permet d'avoir ce renseignement, et qui semble donner d'excellents résultats. Nous l'avons essayée comparativement avec les indications des champs d'expériences de plusieurs de nos stations expérimentales, et ces essais se font encore parallèlement avec la culture des champs établis depuis plusieurs années.

Notre procédé a été appelé «*méthode des paniers en fil de fer*», ou «*méthode des pots de paraffine*».

M. Walker. — C'est la méthode dont M. Bonsteel a parlé à Chestertown? Vous souvenez-vous de la conférence du professeur Bonsteel, M. Harris?

M. Harris. — Oui.

Prof. Whitney. — Voici un petit panier en fil de fer à mailles d'environ 1/8 de pouce (3 millim.). Ce panier est fait à l'aide d'un morceau de treillis de fil de fer (un vieux grillage de fenêtre pourrait suffire, car la nature du réseau, comme je vous l'expliquerai, importe peu). Les extrémités sont assujetties et l'on y ajoute un fond. Le petit panier étant ainsi constitué, on en plonge la partie supérieure dans de la paraffine fondue, jusqu'à ce que celle-ci y constitue un rebord. On remplit alors le panier avec un peu de la terre à expérimenter, venant du champ, et bien mélangée de manière à pouvoir remplir plusieurs pots avec un échantillon unique. La terre de ces pots doit posséder autant que possible une humidité satisfaisante, et se trouver ainsi dans les meilleures conditions possibles.

M. Walker. — Voulez-vous parler des meilleures conditions d'ameublissement du sol, c'est-à-dire de celles où il fonctionne le mieux?

Prof. Whitney. — Oui, je dis bien que le sol des pots doit être dans l'état le plus favorable au développement des graines.

Il faut remplir ces pots en y tassant le sol jusqu'à environ un demi-pouce (1 centim. 25) du sommet. On enlève alors la terre qui adhère aux parois, et on plonge ensuite le pot dans de la paraffine fondue, bien chaude. Cette dernière constitue un enduit parfait autour du pot. Le fil de fer ne sert en réalité qu'à soutenir la terre et à renforcer la paraffine. C'est plutôt même un récipient en terre, que la paraffine a seulement agglutinée extérieurement. Ce petit dispositif, très simple, suffit parfaitement.

Au début des expériences où nous avions cherché à mesurer la fertilité d'une terre à l'aide de plantes que nous faisions développer dans des vases ordinaires, nous avions remarqué que les racines tendaient à sortir du vase et à gagner ses bords, où elles trouvaient de l'air. Dans de telles conditions, le développement des plantes dans des sols pauvres ou fertiles ne différait pas sensiblement. Pour que le développement des plantes caractérisât réellement le sol étudié, il fallait précisément empêcher les racines de venir au contact de l'air. C'est ce que nous avons obtenu par notre dispositif, qui obstrue les petits espaces, demeurés vides, où allaient s'accumuler les racines. Ces dernières demeurent forcément dans le sol, et nous réalisons ainsi dans nos pots des conditions identiques à celles du champ. Ce résultat ne pourrait être atteint dans des récipients ordinaires en terre de poterie ou en verre, parce qu'il s'y établissait une aération trop parfaite.

Cette expérience nous fait encore voir combien l'aération du sol est importante: c'est, en effet, dans les vides qui existent d'ordinaire près des parois du vase de poterie que les substances toxiques sont entièrement détruites.

Voici deux pots d'une même terre, contenant des plants de blé du même âge. Le premier pot seul a été fertilisé, et il est aisé de voir l'utilité qu'y a présentée l'addition d'engrais. Les plantes ont pu prendre un développement maximum dans ce volume de terre. Nous ne les laisserons pas atteindre l'époque de leur maturité, car nous estimons que cette attente est inutile à notre étude: nous n'utilisons ces végétaux qu'en vue de connaître si un engrais donné a été utile au sol étudié. Ils nous l'indiquent parfaitement; ils indiquent, en outre, les proportions d'engrais à employer.

Grâce à ce procédé, nous pouvons connaître en peu de temps (dix à vingt jours) les besoins en engrais d'une terre donnée, et discerner, par exemple, s'il convient d'apporter de la potasse seule, ou un mélange de potasse et d'un autre engrais.

M. Klinefelter. — Sur quoi basez-vous la quantité d'engrais à ajouter à chaque pot?

Prof. Whitney. — Nous employons à peu près les proportions de la pratique, peut-être un peu plus si nous avons besoin d'apprécier rapidement l'action d'un engrais sur une plante. Les résultats sont aussi visibles dans ces pots que dans les champs, et ils sont tout à fait comparables aux résultats qu'on y obtiendrait en année ordinaire. La seule différence consiste en ce qu'on n'attend que trois semaines pour être renseigné, au lieu d'attendre parfois dix ans, comme il arrive pour les champs, par suite de l'influence des variations climatériques. La méthode des pots élimine ces variations et nous indique les besoins en engrais des sols.

M. Walker. — Cet essai nous permettra donc de connaître en 10 ou 20 jours les besoins d'une terre, lorsque les influences climatériques lui seront favorables. Selon vous, il faudrait ce temps pour faire un essai, et il serait bon de le faire dans des pots de paraffine. Dans le cas où les végétaux ne se développeraient pas bien, il faudrait faire un nouvel essai. Si des phosphates, par exemple, nous montraient de bons résultats, ce seraient les phosphates qu'il faudrait utiliser. Est-ce bien là ce que vous avez voulu dire ?

Prof. Whitney. — Oui. La quantité de chaux et d'acide phosphorique que nous ajoutons dans le pot de paraffine correspond aux proportions que nous mettons dans les champs. Il n'est pas utile que je vous rappelle les proportions d'engrais à mettre en pot, car vous trouverez ces renseignements dans le *Bulletin N° 18 du Bureau des sols*. Je me ferai un plaisir de vous l'adresser, avec, d'ailleurs, d'autres explications supplémentaires. Vous pourrez aussi écrire à M. Walker, qui enverra ces volumes aux membres du club (1).

Le poids de terre utilisé dans les essais importe peu. Vous pourrez, par exemple, préparer 5 livres de terre et en remplir 5 pots, contenant chacun une livre (425 gr.). Cela peut suffire à la rigueur, mais pour ne pas s'en tenir aux indications données par un seul pot, nous en préparons nous-mêmes cinq identiques par essai.

C'est ainsi que si nous voulons, par exemple, connaître les exigences en engrais de la terre que voici, et si, en particulier, nous voulons nous assurer de l'efficacité qu'aurait un apport de chaux, nous préparons de deux à cinq pots témoins, puis à la terre d'une autre série de pots identiques nous mélangeons de la chaux en

(1) Voir l'Appendice qui fait suite au présent Bulletin, et qui donne les détails essentiels de la circulaire N° 18 du *Bureau des sols*.

quantités proportionnelles à celles de la pratique agricole. (Parfois nous doublons la proportion de chaux). Tous les pots sont alors mis en culture, et nous attendons que les végétaux aient pris un certain développement. En moins de 10 à 15 jours, ce développement indique si cet apport de chaux a été utile, et dans quelles proportions il faudra faire l'apport de chaux en culture.

Cette méthode est la même pour l'essai de tous les autres engrais. Elle vous permettra de reconnaître la nature, la quantité et le mélange des substances qui peuvent accroître la fertilité de votre terre en lui permettant d'être plus apte à faire croître des récoltes.

Néanmoins il ne faut pas espérer de cette méthode plus qu'elle ne peut donner : grâce au développement des plantes de vos pots, vous pourrez être renseignés sur l'effet des engrais à l'égard de la fertilité de votre sol ; mais cet essai ne vous renseignera nullement sur le nombre de boisseaux que vous pourrez récolter par unité de surface.

Après les définitions que je vous ai données de la *fertilité* d'une terre et de sa *productivité*, vous ne devez d'ailleurs pas vous y attendre. Il est, en effet, des cas où l'action de la chaux, du fumier et des autres engrais ne correspond pas dans les champs à son action dans les pots.

Il n'est pas douteux que cette différence est due alors aux conditions physiques défavorables de la terre des champs. Pour que la récolte que donnent ces champs soit satisfaisante, il faut que leurs conditions physiques se rapprochent de celles dans lesquelles on place les pots. Dans ce cas, d'ailleurs, même sans engrais du tout, la récolte peut être assez bonne.

L'effet de certains engrais, du fumier et de la chaux se manifestera dans la culture, lorsque les conditions physiques nécessaires au développement des récoltes ne seront pas absolument remplies. Il s'ensuit que la méthode des pots de paraffine peut, dans une certaine mesure, permettre de savoir si une terre se trouve être dans des conditions physiques parfaites, et si, en particulier, on lui applique de bonnes méthodes culturales.

Il importe pourtant de bien comprendre que les indications que vous donnent les pots se rapportent surtout à l'effet des engrais sur la fertilité des terres, et cela, grâce à la différence de développement de jeunes plantes.

M. Walker. — Si nous obtenons des résultats avec les plantes en pots, nous avons des chances d'en obtenir dans les champs.

Prof. Whitney. — C'est ce que je crois.

Nous avons fait un très grand nombre de recherches par cette méthode et nous sommes convaincus qu'elle mérite confiance, car elle peut donner exactement les renseignements dont on a besoin. Il est vrai que ce n'est pas une méthode scientifique précise ; mais existe-t-il une base scientifique dans le problème de la détermination de la fertilité des terres ?

Cette détermination est tout au plus un art, et vous ne pouvez guère raisonnablement qu'en espérer le perfectionnement. Cette méthode vous en fournira les meilleurs moyens.

Grâce à ces pots, vous pourrez aussi vérifier l'influence de la chaux ou des engrais mis en contact avec la terre un certain temps avant la plantation. Il vous suffira de laisser pendant une ou plusieurs semaines votre échantillon légèrement humide, mais non ense-mencé, dans des récipients clos.

Nous couvrons les petits pots à l'aide de disques de papier paraf-finé, mis autour des végétaux, et destinés à empêcher l'évaporation de l'eau de la terre.

Un peu de sable placé, en outre, à la surface de la terre en empêche le durcissement. Il nous est ainsi possible de peser chaque jour les pots et de déterminer l'eau qu'ils ont perdue par évaporation. Cette quantité est proportionnelle à la surface de feuilles qui s'est développée, et si, par exemple, un lot de pots perd une once (28 gr. 35) alors qu'un autre placé dans les mêmes conditions climatériques en perd deux, il est très probable que le développement des plantes du second lot a été deux fois plus grand. Nous pouvons ainsi mesurer approximativement ce développement.

En réalité il ne sera pas indispensable de recouvrir vos pots et de les peser comme nous le faisons nous mêmes, la différence d'aspect des plantes vous suffira pour comparer l'effet des divers engrais.

M. Klinefelter. — Dans quel but avez-vous commencé par faire un anneau de paraffine aux pots ?

Prof. Whitney. — C'est pour que le pot s'élève au-dessus de la terre. Il ne serait pas en effet possible de le plonger assez profondé-ment dans la paraffine fondue, lorsqu'il a été rempli de terre.

J'estime qu'en utilisant cette méthode, si vous préparez, avec les mêmes soins, un lot de trois, quatre ou cinq pots sans engrais, et d'autres lots identiques contenant les engrais que vous pourriez employer dans vos champs, si vous prenez le même soin des petits détails de l'expérience que lorsque vous vous occupez de sélection de blés, et si vous y apportez le même esprit, il vous sera possible de déterminer quels sont les engrais nécessaires à vos champs, et vous pourrez en retirer un bénéfice tout aussi grand que celui que vous escomptez de la sélection de vos graines.

Je vous engage très vivement à utiliser cette méthode très simple pour analyser vos sols et en connaître les exigences en engrais. C'est beaucoup plus sûr et plus commode que l'analyse chimique de la terre.

QUESTIONS ET RÉPONSES

M. Walker (président). — Messieurs, nous avons tous écouté avec attention la conférence fort intéressante et instructive du professeur Whitney. Nous désirerions, s'il le veut bien, en faire un contre examen.

Je demanderai donc à chacun d'entre vous de poser les questions qu'il lui plaira, et M. Whitney y répondra.

J'ai noté moi même divers points, au cours de son exposé.

C'est ainsi qu'il a dit que *les plantes cherchaient l'eau, et que ce n'était point l'eau qui montait vers les plantes.* Nous avons l'habitude (et c'est d'ailleurs ce que l'on nous a enseigné) de rendre une terre humide, à l'aide surtout des façons aratoires. Est-ce logique ? Est-ce que le résultat de notre travail est d'amener l'eau vers les plantes, ou bien donnons nous ainsi aux plantes les moyens d'aller vers l'eau ?

M. Dewberry. — Je crois que nous labourons les terres dans le but de maintenir leur humidité. Je l'ai au moins toujours fait dans ce but. C'est d'ailleurs ce que l'on écrit et ce que l'on enseigne. Je pense que M. le Prof. Whitney nous dit ce qu'il est bon de faire et nous explique ce que nous faisons en labourant nos terres arables.

Raisons de la culture du sol

Prof. Whitney. — Le *Bureau* a fait beaucoup de recherches dans le but de connaître les propriétés physiques des terres et, en parti-

culier, pour trouver l'explication de la nécessité des façons aratoires du sol et leurs effets

En dehors de la question d'aération dont je vous ai déjà entretenus, l'effet de ces façons culturales est d'abord d'améliorer l'état
physique de la terre arable; cette dernière devient plus perméable à
l'air et plus poreuse. En outre, elle peut mieux absorber la pluie,
et les racines des végétaux s'y développent avec un minimum de
difficultés à vaincre.

En labourant la terre, on augmente encore son volume apparent
et on peut en faire la constatation lorsque après avoir creusé un
trou, un fossé, par exemple, on veut le recombler avec la terre qui
en provient. La chose est fort malaisée. Lorsqu'on écarte les particules de terre par le labour ou le hersage, elles occupent un bien
plus grand volume et elles peuvent retenir beaucoup plus d'eau de
pluie, non seulement par suite de l'espace plus grand que peut venir occuper cette eau, mais encore parce que ces particules du sol
se trouvent séparées et possèdent ainsi une bien plus grande surface susceptible de la retenir. Si on cultive à nouveau cette surface,
on la dessèche en l'exposant à l'air.

Nous avions coutume de dire que les façons aratoires rompent les
canaux capillaires. En réalité, c'est inexact : il ne vous est pas possible d'arrêter ainsi les phénomènes de capillarité qui se produisent
dans les terres, car les canaux se rétablissent lorsque la terre est
remise en place.

Voici plutôt ce qui se passe (c'est exactement ce que je vous ai
dit d'expérimenter en plaçant de la terre humide au fond d'un verre
et en ajoutant par dessus de la terre sèche). Tant que la terre humide n'est pas saturée d'humidité, elle conserve cette humidité avec
une telle ténacité que l'eau ne s'élève pas sensiblement dans la terre
sèche. Vous devez vous souvenir de ce que je vous ai dit au sujet
du mouvement excessivement lent de l'eau même dans les terres
peu mouillées. Si nous nous trouvons dans les conditions où la
partie superficielle est sèche, l'eau du sous-sol n'y accédant pas,
il n'y a évaporation de cette eau qu'à l'intérieur du sol, et la vapeur
ainsi formée devra se diffuser à travers les interstices de la couche
de terre sèche. Ce déplacement ne pourra être que fort long. L'eau
n'atteindra pas ainsi la surface de sol où l'évaporation serait beaucoup
plus rapide. Cette perte par évaporation à l'intérieur même de la
terre à une profondeur de 3 ou 4 pouces (8 à 10 cent.) est en réalité
excessivement lente.

Il y a plusieurs années, j'ai pu étudier des terres assez curieuses en Californie. Dans certaines vallées, il existe des terres qui produisent des récoltes sans qu'il pleuve pendant la durée de la végétation. En un point, près de *los Angeles*, où j'ai été en septembre, j'ai vu un champ de tabac, planté en avril ou mai, qui avait produit une récolte que l'on avait coupée. On avait ensuite laissé se développer une seconde récolte, celle-ci était bien venue et on l'avait coupée en septembre dans d'excellentes conditions. Les plants de tabac n'avaient pas reçu de pluie depuis leur plantation, mais on avait travaillé le sol au moment où nous faisons nos récoltes dans l'Est. J'ai pu prendre dans la main un peu de la terre superficielle du champ : c'était de la terre humide. Or, les puits de la région ont leur nappe d'eau à 40 pieds (12 m. 20) de la surface du sol.

Dans nos régions de l'Est où nos récoltes souffrent dès qu'il ne pleut pas pendant un intervalle de deux ou trois semaines, un tel cas nous semble un phénomène très remarquable.

En essayant d'en trouver l'explication pour les terres de l'Ouest, il est aisé de voir qu'on a affaire à des régions dont l'air est très sec, le climat très chaud, et où règnent d'ordinaire des vents violents qui dessèchent très rapidement la surface du sol. Il tombe de 18 à 20 pouces (45 à 50 cent.) de pluies durant l'hiver. Ces pluies cessent en avril. Si on cultive alors immédiatement la croûte superficielle, elle se dessèche complètement, et l'humidité des couches profondes se trouve ainsi maintenue, car elle ne peut se perdre par évaporation qu'à l'intérieur de la couche de terre superficielle. Or, ce phénomène y est très lent, bien qu'il s'y produise de façon certaine.

C'est ainsi que si vous mettez de la terre humide dans un verre et que vous placez celui-ci sur une fenêtre, exposé au soleil, vous verrez que la chaleur du rebord de cette fenêtre échauffera davantage le fond de votre verre que sa surface. Il s'ensuivra alors pour la terre du fond du verre une évaporation plus active que celle de la partie supérieure.

En desséchant la surface d'une terre par les façons aratoiresr nous obligeons l'évaporation à se produire à l'intérieur de la partie desséchée au lieu de se réaliser à la surface libre de contact avec l'air. La vapeur d'eau doit alors se frayer un passage à travers des canaux étroits, et cette diffusion est excessivement lente.

Pour appuyer cette conception à l'état particulier des terres des régions de l'Ouest américain, j'ai fait une petite expérience de labo-

ratoire : on prit deux cylindres de 6 pieds (1 m. 80 environ) de
long que l'on remplit de terre et que l'on plaça verticalement, la
partie inférieure plongeant dans l'eau. A la surface de l'un des tu-
bes, on faisait arriver un courant d'air à la température ambiante,
ordinaire, et on envoyait aussi à la surface du second tube un même
volume d'air, mais la température de ce second courant était plus élevée. La terre superficielle de ce dernier tube se trouvant ainsi légèrement échauffée, il s'ensuivit une évaporation plus intense, et, au
bout de peu de temps, le second tube avait perdu plus d'eau que
l'autre. Mais lorsque la terre superficielle de ce tube fut desséchée,
l'évaporation de la terre qu'il contenait cessa. L'expérience dura douze
mois et la perte d'eau du tube dont la terre superficielle était chauf-
fée par de l'air sec fut beaucoup moindre que celle de l'autre tube.

Ce qui nous oppose des difficultés, dans les terres de l'Est, c'est
le fait d'avoir en moyenne une pluie tous les trois jours de l'année.
En effet, d'après les rapports du *Bureau des températures*, environ
un tiers de nos journées sont pluvieuses (cela n'est bien entendu
pas régulier, mais c'est une moyenne). La température est modérément chaude, mais l'air est excessivement humide, comparativement à celui des régions Ouest. L'évaporation de la surface
de nos terres est par suite relativement lente, et à mesure que l'eau
s'évapore à la surface du sol, il monte des couches intérieures de
nouvelles quantités d'eau par capillarité. Il s'ensuit dès lors qu'au
cours de l'année, il y a une plus grande perte d'eau chez nous que
dans les régions où l'évaporation est plus rapide. Ce point est-il clair
pour vous ?

M. Walker. — Je vois ce que vous voulez dire.

Prof. Whitney. — C'est là un fait que vous pouvez vérifier vous-
mêmes, et nous en utilisons chaque jour le principe dans nos cuisines.
Lorsque nous avons une tranche de bonne viande à griller, nous la
plaçons d'abord très près d'un feu ardent, de manière à en sécher
rapidement la surface, et même à la carboniser légèrement. Les
pores extérieurs de la tranche de viande sont ainsi fermés. Nous
éloignons alors la viande de la partie la plus chaude de la flamme, où
nous pouvons la cuire lentement, en lui faisant conserver son jus. Si
cette même tranche avait été cuite lentement sur un feu doux dès le
début, le jus se serait évaporé, et nous n'aurions obtenu qu'une
viande sèche et coriace.

M. Walker. — Pendant les périodes où nous souffrons de la
sécheresse, dans le cas du blé par exemple, faut-il faire des façons

aratoires, ou laisser le sol tel qu'il est? Je parle pour les conditions dans lesquelles se trouvent nos terres d'ici, où l'eau ne se rencontre dans les puits qu'à 45 pieds (14 m. environ).

Prof. Whitney. — Les conditions dans lesquelles nous nous trouvons sont plutôt défavorables pour retenir l'eau des pluies fréquentes que reçoivent nos terres.

Quelque étrange que cela paraisse, bien que nous souffrions dès qu'il ne pleut plus, nous nous trouverions mieux, au même titre que dans les régions arides de l'Ouest, de ne pas recevoir de pluies pendant la période de croissance des végétaux. (Nous ne parlons pas du cas où dans un climat sec on a des eaux d'irrigation, ce qui permet d'avoir le mode de culture le plus perfectionné). Mais, avec un climat comme celui de l'Ouest, il est beaucoup plus aisé qu'ici de diriger le développement des récoltes, quand on en manie les facteurs. Ce qui vous gêne chez vous, c'est de ne pouvoir maintenir sèche la couche superficielle. Après une pluie, nous labourons dès que nous le pouvons, et la surface de nos champs demeure relativement sèche. Mais il ne tarde pas à survenir une autre pluie, et si nous croyons la chose possible, nous travaillons à nouveau la surface de notre terre. S'il survient une troisième pluie, nous essayons encore d'assécher la partie superficielle de notre champ. Après une pluie, il vous faudra donc maintenir l'humidité dans votre sol, par des façons aratoires. Si dans la suite vous avez une période de sécheresse, il faudra encore cultiver votre terre par tous les moyens, car cela protègera vos récoltes.

Notre Secrétaire du Département de l'agriculture a relaté une sécheresse désastreuse, alors qu'il était professeur d'agriculture dans l'État d'Iowa. Il protégea à ce moment sa récolte de blé, et obtint même un rendement satisfaisant, alors que ses voisins subissaient des pertes considérables, grâce à des façons aratoires constantes, pendant la saison sèche.

Comme je vous l'ai dit, tout dépend de votre habileté, de votre jugement, et de la chance que vous aurez en commençant vos travaux juste au bon moment. En comprenant comment les choses se passent, il vous sera possible de préserver vos récoltes, durant une période de sécheresse moyenne.

M. Jefferson. — Conseillez-vous un labour profond et des façons aratoires superficielles?

Prof. Whitney. — Oui. Je suis heureux en particulier de constater la tendance que l'on a dans nos régions à augmenter sensiblement la profondeur des labours. Un labour de 6 à 7 pouces (15 à 18 cent.) convient à merveille avant les semailles; mais plus tard les façons aratoires doivent être superficielles.

Action nocive des mauvaises herbes

Prof. Whitney. — Il est encore, dans le même ordre d'idées, un sujet qui va vous intéresser : ce sont les recherches que nous avons faite sur la cause de l'effet toxique que possèdent les mauvaises herbes à l'égard des végétaux cultivés.

On pensait jadis que les mauvaises herbes agissaient en s'emparant pour leur propre compte de l'eau et des éléments nutritifs de la terre arable.

S'il en était ainsi, il devrait nous être possible d'apporter un supplément d'éléments nutritifs permettant à la fois l'alimentation des mauvaises herbes et des végétaux cultivés. Cela nous serait possible du moins dans nos jardins.

Pourtant, dans les Etats de l'Est comme dans ceux de l'Ouest, là où on possède des systèmes d'irrigation, il faut se débarrasser de ces mauvaises herbes, non parce qu'elles utilisent à leur profit de l'eau et des éléments nutritifs, mais parce que leur présence nuit au développement de la plupart des récoltes. Ces dernières sont intoxiquées par elles, et par suite ne peuvent se développer dans leur voisinage.

A l'Université de Cornell on a imaginé un dispositif ingénieux pour démontrer cette idée de l'influence des plantes les unes sur les autres. Ce dispositif n'a pas été publié, et je ne le connais que depuis peu : il consistait en une longue boîte contenant de la terre. A l'une des extrémités on avait semé du blé, et à l'autre des graines de mauvaises herbes. (Il y avait même plusieurs boîtes analogues, et on les plaçait dans des conditions variables). Dans l'une des expériences, on plaçait une planche pour établir une séparation, entre les deux sortes de plantes. Le sol était le même dans toutes les boîtes. Il fut visible, au bout de quelque temps, que dans les boîtes portant une planche de séparation, le blé et les mauvaises herbes prenaient un développement normal. Là où il n'y avait pas de planche, et où les racines de ces plantes pouvaient s'entremêler, le blé ne pouvait se développer, car sa croissance était arrêtée, tout comme on l'observe dans les champs qui sont infestés d'herbes.

La nécessité d'arracher ces mauvaises herbes dans la culture, en particulier pendant les mauvaises périodes de développement des récoltes, se comprend ainsi, non parce que ces herbes modifient la teneur en humidité des champs (quoique cela puisse un peu avoir lieu), non plus parce qu'elles s'emparent des éléments nutritifs du sol, mais parce que leur présence est gênante et semble agir par sécrétion de poisons pour les végétaux cultivés.

Petit nombre de récoltes principales

Prof. Whitney. — Il me faut encore attirer votre attention sur un des caractères de l'art de l'agriculture tel que nous le comprenons aujourd'hui : c'est le fait que nous ne cultivons qu'un nombre relativement très petit de récoltes.

Nous avons d'autre part une grande variété de terres arables. Aux États-Unis, en faisant l'étude des terres, nous en avons classé environ 400 types. Ce chiffre est le plus réduit que nous ayons pu établir, mais nous avons été contraints de l'admettre. Les caractères de ces terrains sont différents et il n'est pas douteux qu'ils doivent convenir à des récoltes différentes.

Or, combien pensez-vous qu'on y en fasse? Le rapport du *Bureau des statistiques* répond : de huit à dix. L'eussiez-vous cru? Sans doute, il y a bien quelques industries agricoles particulières, telles que celle du citron et des arbres fruitiers, puis quelques cultures aussi particulières, telles que celle du céleri et de la rhubarbe ; mais ce ne sont pas des cultures générales.

M. Walker. — Il n'y a pas plus de huit à dix cultures principales ?

Prof. Whitney. — Non, pas davantage. Il me semble par suite que nous n'avons pas un nombre suffisant de récoltes, étant données la grande diversité de nos terres et la nécessité de varier l'alimentation des hommes et des animaux. Nous cultivons ces récoltes principales sur tous les sols et nous ne disposons, pour neutraliser toutes les toxines qu'ils contiennent, que de trois éléments nutritifs principaux pour les végétaux : l'azote, l'acide phosphorique et la potasse, avec encore la chaux, le fumier, des engrais verts (trèfle et

pois-à-vache). Il ne faut pas oublier, en effet, que c'est le sol que
nous soignons et que nous fertilisons pour qu'il puisse porter des
récoltes.

Emploi de la chaux

M. Walker. — Voudriez-vous à ce propos nous dire ce que vous
pensez de l'utilité de la chaux à l'égard des terres arables ?

Prof. Whitney. — Je ne puis vous dire que la chaux est utile d'une
façon générale ; je ne le pense pas. Je crois qu'elle peut servir parfois
de correctif à l'état des sols ; mais elle n'est utile que quand le sol
en manque. Dans ce cas il est peu de substances qui puissent y suppléer, et il faut en apporter.

Il n'y a en réalité que peu de terres qui en aient besoin, et on ne
l'emploie que rarement dans le Middle-West, et jamais dans le Far-
West. Son emploi est surtout répandu dans les Etats voisins de
l'Atlantique : Pensylvanie, New-Jersey, Delaware, Maryland et Virginie. Ces Etats en consomment certainement plus que tous les
autres de l'Union. L'aviez-vous remarqué ?

M. Walker. — Non.

Prof. Whitney. — On commence à peine à utiliser la chaux dans
le Middle-West et dans l'Illinois. Mais son emploi n'est pas général dans les Etats de l'Ouest. Il est plutôt localisé dans les Etats de
l'Est que j'ai mentionnés et où beaucoup de sols en manquent. Il y
en a beaucoup d'autres qui n'en ont pas besoin.

Certains indices signalent ce besoin : le mauvais développement
du trèfle en est un excellent, mais ce n'est qu'un indice ; le trèfle
vient mal en effet dans les terres acides. J'estime que la chaux peut
même être utile dans les terres qui ne sont pas réellement acides.

— Le développement de mousses est encore un indice de besoin de
chaux d'une terre. De même celui de l'oseille (c'est un peu votre
cas, M. Walker). — Tous ces indices vous sont d'ailleurs familiers.

M. Skipper. — Je désirerais vous demander si vous considérez
que le rougissement du papier de tournesol soit une indication certaine du besoin de la terre en chaux ?

Prof. Whitney. — Non ; j'estime que cette indication permet de
penser que la chaux peut être utile ; mais au *Bureau des sols*, nous
avons pu voir que le rougissement du papier bleu de tournesol ne

signifiait pas forcément que la terre était acide et qu'elle avait besoin de chaux. Le rougissement peut être dû seulement au pouvoir absorbant remarquable qu'ont certaines terres. Il se produit non seulement avec une terre acide, mais aussi avec un sol légèrement alcalin. On peut même l'obtenir en entourant le papier bleu de tournesol avec du coton hydrophile, que l'on mouille avec de l'eau distillée absolument pure et bouillie. Le rougissement provient alors du fait que le tournesol bleu est le sel d'un acide organique, sur lequel le sol étudié ou le coton hydrophile agissent en absorbant la base du sel; il reste seulement l'acide dans le papier, et c'est pour cela qu'il y a rougissement. En d'autres termes, il y a séparation des constituants d'un composé chimique. Cette séparation est due au pouvoir absorbant Ce dernier peut être si grand, dans certaines terres, qu'il peut disjoindre la molécule du nitrate d'argent d'une solution que l'on y verse, et provoquer le dépôt de parcelles d'argent métallique. Dans un pareil cas, le sol a absorbé l'acide et a laissé l'argent à l'état métallique.

Les actions physiques et chimiques qui s'exercent dans les minces pellicules liquides qui se forment autour des particules de terre sont d'un ordre absolument différent de celui que nous obtenons dans les récipients de nos laboratoires. Il faut que nous apprenions une chimie nouvelle pour comprendre l'étude des terres arables, car nous nous trouvons avoir affaire à des énergies chimiques nouvelles dont nous n'avions jamais eu idée jusqu'ici.

La terre arable a, en effet, un pouvoir absorbant remarquable pouvant modifier diverses substances en dehors de toute action microbienne connue.

Les minéraux du sol ne subissent pas que des décompositions: en réalité, à mesure que les uns se décomposent, il s'en forme de nouveaux. En ajoutant certaines solutions de sels à des terres arables, nous pouvons produire des minéraux identiques à ceux qui existent dans les roches, chose difficile, et parfois impossible à reproduire dans nos laboratoires.

Ainsi l'emploi du papier de tournesol n'est pas une indication certaine de l'acidité d'une terre donnée. Il s'ensuit que son rougissement n'implique pas la nécessité du chaulage. Néanmoins c'est un indice.

M. Skipper. — La question du chaulage des terres est fort importante pour plusieurs d'entre nous et, d'ailleurs, très générale. Quel moyen conseillerez-vous donc aux agriculteurs pour savoir si leur sol manque de chaux, s'il est neutre ou s'il n'en a pas besoin ?

Prof. Whitney. — La méthode des pots de paraffine avec et sans chaux. Elle vous fixera dans trois semaines.

M. Skipper. — Vous la considérez donc comme une preuve infaillible ?

Prof. Whitney. — Nous avons trouvé qu'elle concordait avec l'expérience des agriculteurs.

M. Hurlock..— Combien mettez-vous de chaux par pot ?

Prof. Whitney. — Vous en trouverez l'indication dans la circulaire N° 18 que je vous enverrai, et qui contient, en outre, d'autres indications qui vous seront utiles.

M. Walker. — Combien mettez-vous de chaux par acre (40 ares 467), M. Hurlock ?

M. Hurlock. — Trente à quarante boisseaux (dix à quinze hectolitres environ).

Méthode des pots de paraffine servant d'indicateur pour la productivité des récoltes

M. Walker. — Monsieur le Professeur, vous avez devant vous des plantes qui montrent une végétation satisfaisante. Est-ce que, si vous la faisiez continuer, les grains se développeraient proportionellement ? En avez-vous fait l'expérience ?

Prof. Whitney. — Oui, nous l'avons faite, mais avec des pots plus grands, et les indications que nous avons obtenues se sont continuées jusqu'à la maturité des graines : la récolte a été proportionnelle à nos essais de dix jours en petits pots.

Nous avons encore essayé cette méthode comparativement aux essais en champs d'expérience de la Station expérimentale de Rhode Island et de l'Ohio. Ces champs étaient installés depuis dix ou douze ans. Les résultats donnés par ces petits pots en deux semaines ont indiqué l'ordre des différences obtenues avec les différents engrais dans la période des 10 ans.

Je pense que les résultats de ces pots vous fixeraient de façon relative sur le nombre de boisseaux de grains que vos sols peuvent produire. Vous aurez ainsi une indication certaine de l'ordre d'efficacité relative des divers engrais.

Néanmoins vous ne devez pas oublier que vous aurez ainsi des indications relatives à la fertilité de votre sol et non à celle de votre champ, car votre récolte dépendra de facteurs autres que celui de la fertilité du sol seule.

CONCLUSIONS

Prof. Withney. — En conclusion, je conviens que je viens de vous entretenir d'un sujet terriblement technique et embrouillé. Je souhaite l'avoir fait en un langage assez clair pour que vous puissiez comprendre les idées qui prévalent aujourd'hui dans l'esprit des collaborateurs expérimentés qui m'assistent dans ces recherches.

Quant à la question de savoir si les engrais agissent directement comme substances nutritives pour les végétaux, ou indirectement en améliorant les conditions hygiéniques de la terre arable, par une modification apportée soit dans les aliments des végétaux, soit dans le sol lui-même, c'est là, somme toute, une question d'ordre scientifique, qui sera probablement discutée entre les savants du monde. Pour l'instant, nos conclusions sont énoncées d'un commun accord, et ce sujet ne sera pas abandonné avant d'avoir été éclairci.

Si vous entendez quelques échos de cette controverse scientifique, ne vous en troublez point cependant ; car il vous importe fort peu que les engrais agissent sur les plantes ou sur la terre arable. Tant que nous aurons des substances fertilisantes à notre disposition et que nous reconnaîtrons qu'elles nous rendent service, la question de savoir comment elles agissent pourra être abandonnée sans crainte aux hommes de science.

Je dois pourtant ajouter que je vous engage à croire à l'hypothèse que les engrais agissent sur la terre arable plutôt que directement sur les végétaux en les nourrissant.

Les renseignements que j'ai essayé de vous donner sur la manière dont se comportent des terres vous permettront, en outre, de mieux comprendre quelques-uns des problèmes difficiles avec lesquels vous vous trouvez aux prises dans la pratique agricole. Il n'est pas douteux que ces problèmes ne soient résolus un jour ; mais leur résolution demandera beaucoup de temps et un travail opiniâtre.

Avec la conception de la fertilité des terres, telle que je vous l'ai exposée, je crois néanmoins que vous ne devez pas vous décourager, en présence de vos terres infertiles, dans les cas où les engrais n'agissent pas sur elles comme vous le désireriez. Vous essayerez si, par des méthodes de culture perfectionnées ou par tout autre procédé que vous aurez à votre disposition, il n'est pas possible d'obtenir de meilleurs résultats que ceux obtenus par l'emploi inefficace d'engrais commerciaux.

Je pense aussi que, grâce à la méthode des pots de paraffine, l'emploi de ces engrais commerciaux se fera plus rationnellement, et sera, par suite, plus profitable au maintien de la fertilité de vos sols.

J'espère enfin que ces idées frapperont votre esprit, car elles s'adaptent aux problèmes pratiques que vous rencontrez chaque jour en cultivant vos champs, et je souhaite qu'après cette causerie vous puissiez essayer de voir un peu plus clair dans l'art de conduire vos exploitations.

APPENDICE

Méthode des paniers de fil de fer pour déterminer les exigences en engrais des terres arables

La méthode, dont on a parlé dans les pages précédentes, relativement à la détermination des exigences en engrais des terres arables, consiste à faire développer des végétaux dans de petits paniers en fil de fer, remplis au préalable de terre arable mélangée à divers engrais en proportions variées.

Ces paniers ou pots ont été imaginés pour rendre possible la comparaison de l'action des engrais étudiés, pendant une période d'environ trois semaines, grâce à l'examen de l'aspect et du développement de jeunes plantes. On peut couper ces plantes et les peser au bout de trois semaines, ou bien encore mesurer leur transpiration pendant toute la croissance.

Voici comment on construit ces paniers : on se sert de paraffine pour recouvrir le fil de fer (c'est en effet une substance peu coûteuse que l'on peut extraire de nombreuses matières premières). Pour faire les pesées, il est nécessaire d'avoir une balance sensible au 1/4 d'once (5 à 7 gr.). Les paniers ou pots sont constitués par du treillis de fil de fer galvanisé à mailles de 1/8 de pouce (32 millim. environ) et la construction est fort simple, comme on peut le voir sur la figure 1. On découpe simplement des bandes de 3,5 × 10 pouces (8 c. 75 × 25 c.) et on en rapproche les extrémités de manière à constituer un petit cylindre que l'on maintient à l'aide de petits rivets. On fait, à intervalles, de petites incisions verticales de 1/2 pouce (1 centim. 25) à la base de ce cylindre, et on retourne les parties ainsi coupées, de manière à pouvoir assujettir un fond constitué lui-même par un rond du même treillis. Ce fond étant fixé, on plonge le haut du panier dans la paraffine fondue, jusqu'à une profondeur de 1/2 pouce (1 centim. 25) ; on le retire, puis on le plonge à nouveau plusieurs fois, jusqu'à ce qu'il se soit formé un anneau de paraffine.

Lorsqu'on a confectionné ainsi plusieurs pots, on les numérote et on peut en prendre note sur un registre. Pour plus de commodité dans les manipulations ultérieures, il est bon de placer ces pots dans des boîtes-plateaux peu profondes, pouvant en contenir une vingtaine. C'est tout, jusqu'au moment où on ajoutera la terre à étudier.

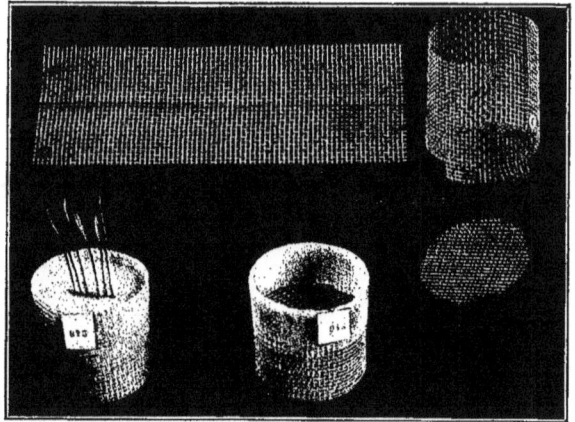

Fig. 1. — Construction des paniers de fil de fer.

L'échantillon de cette terre à étudier doit être l'image fidèle du champ où on l'a prélevé. Il faut dans ce but faire plusieurs prélèvements en divers points de la surface de ce champ, puis les mélanger intimement. On prend ensuite sur ce tas un nombre de lots un peu supérieur à celui des essais d'engrais que l'on veut faire.

La quantité d'engrais à ajouter à chaque lot doit correspondre exactement à celles que l'on utilise dans la pratique. Afin de faire ces additions en proportions précises, dans chaque échantillon, on opère de la façon suivante : à 7 livres 3/4 (453,6 × 7,75 = 3 kil. 515) de terre sèche et bien pulvérisée, on ajoute une once (28 gr. 35) de l'engrais considéré. On mêle parfaitement, et il faut pour cela tamiser au moins deux fois. Ce mélange est encore beaucoup trop concentré, on le dilue en en prenant 1 once (28 g. 35) que l'on mélange à 5 livres (455 g. 6×5 = 2 k. 268) de nouvelle terre. On brasse à nouveau le mieux possible. Ce dernier mélange contient alors l'engrais dans la proportion de 200 livres (90 kil. 72) par acre (acre = 40 ares 46) (1).

_____

(1) 1 acre (40 ares 46) recevant 90 kil. 72, 1 hectare reçoit donc $\dfrac{90,72 \times 100}{40,46} =$ 224 kil. 221.

Si l'on désire faire dans les champs des apports d'engrais plus impor-tants, il est aisé de faire des mélanges proportionnels dans la terre des pots, en prenant une plus grande quantité du premier mélange riche.

Pour la chaux, en particulier, on prendra 11 onces 5 (326 gr.) pour 1 once (28 gr. 35) de chaux (au lieu de 7 livres 73 comme pour les autres engrais).

Pour l'essai des engrais verts, on emploiera des tiges de pois-à-vache, et on réduira encore la quantité de terre du premier mélange. De même pour le fumier. On ne mettra que 4 onces (113 gr. 40) de terre pour 1 once (28 gr. 35) de tiges de pois, et 1,5 once (42 gr. 53) de terre pour 1 once (28 gr. 35) de fumier. On prendra alors 1 once de ces mélanges que l'on ajoutera à 5 livres (2 kil. 268) de terre. Ces proportions correspondent à 1 tonneau de chaux (1 tonneau = 1016 kil. environ), 5 tonneaux de tiges de pois et 10 tonneaux de fumier par acre (40 ares 46) (1).

Voici les essais que l'on fait d'ordinaire. (On peut les faire modifier à son gré, et ajouter à leur liste les engrais commerciaux que l'on désire expérimenter) :

1. — Témoin.
2. — Fumier sec, à la dose de 5 tonneaux par acre (12.500 kilos environ par hectare).
3. — Chaux, à la dose de 1 tonneau par acre (2.500 kilos environ par hectare).
4. — Nitrate de soude, à la dose de 200 livres (90 k.72) par acre (220 kil. env. par hectare).
5. — Sulfate de potasse, — — — —
6. — Superphosphate, — — — —
7. { Nitrate de soude, — — — —
   { et superphosphate, - — —
8. { Nitrate de soude, — — — —
   { et superphosphate, — — — —
9. { Sulfate de potasse, — - — —
   { et superphosphate, — — — —
10. { Nitrate de soude, — — — —
    { Sulfate de potasse, — - — —
    { Superphosphate, — — — —
11. { Nitrate de soude, - — —·
    { Sulfate de potasse, - — -
    { Superphosphate, - — —
    { Chaux, à la dose de 2.000 livres (907 k.) par acre.
12. { Pois, à la dose de 5.000 livres (2.268 k.) par acre (2200 kil. env. par hect.).
    { Chaux, à la dose de 2.000 livres (907 k.) par acre (—).

(1) En mesures françaises : si 1 acre (40 ares 46) reçoit 1 tonneau (1016 kil.), un hectare reçoit donc $\frac{1016 \times 100}{40,46}$ = 2511 kil. de chaux.

$$2511 \times 5 = 12555 \text{ kil. d'engrais vert.}$$

$$2511 \times 10 = 25110 \text{ kil. de fumier.}$$

Après que ces divers engrais ont été ajoutés à la terre à étudier, on laisse ces mélanges dans un baquet ou dans tout autre récipient convenable, pendant plusieurs jours, en mouillant légèrement le tout avec de l'eau de pluie. On remue de temps à autre, de manière à déterminer une répartition uniforme des engrais.

On ajoute alors une nouvelle quantité d'eau pour amener le sol dans les conditions les plus favorables au développement des végétaux. Cette proportion d'eau varie avec les différentes terres, mais l'opérateur l'apprécie aisément lorsqu'il en a un peu l'habitude. Il est important que l'eau employée pour cette opération soit de l'eau de pluie, car toutes les eaux de puits, de source et de rivières contiennent des substances minérales pouvant agir sur les plantes et fausser les résultats.

La terre de chaque baquet est alors divisée en cinq lots à peu près égaux que l'on introduit dans les paniers de fil de fer, en ayant soin de la tasser sur le fond et les parois. On remplit ces paniers jusqu'à environ 1/2 pouce (12 millim) du haut. Après avoir fait tomber la terre ayant traversé les mailles, et l'avoir remise dans les pots, on est prêt à faire la plantation.

Fig. 2. — Paniers préparés contenant des plantes en végétation.

Un ou deux jours avant la plantation, on a eu soin de mettre un certain nombre de grains de blé dans des morceaux de drap mouillés, recouverts de sable humide, et placés dans un endroit favorable à la germination.

On choisit alors des grains germés, de taille uniforme, et présentant un développement analogue. On en plante six sur une seule ligne, et à la même profondeur, dans chaque pot. On recouvre alors la surface de la terre avec 1/4 de pouce (6 millim.) de sable sec et pur. Les pots sont alors plongés, le fond en bas, dans de la paraffine chaude, jusqu'à ce qu'il se soit formé une enveloppe imperméable rejoignant l'anneau de paraffine déjà constitué. Pour faire un bon revêtement, il faut plonger le vase à plusieurs reprises dans la paraffine maintenue à une température constante, et on laisse chaque fois la paraffine se durcir. On renouvelle l'immersion jusqu'à ce que le revêtement ait une épaisseur convenable d'environ 1/16 de pouce (1 millim. 5 environ).

Les vases sont alors mis dans un endroit où il y a des *conditions optima de lumière, de température et d'humidité*, en ayant soin de laisser à côté les pots des mêmes séries.

On arrose ensuite les pots à de fréquentes reprises, pendant que les plantes se développent, en ayant soin de ne les laisser devenir ni trop secs ni trop humides. Pour se guider sur la proportion d'eau à leur ajouter, une bonne précaution consiste à les peser quand ils sont paraffinés et plantés, moment où leur humidité est optima. Il suffit alors de les peser de temps à autre pendant l'essai, et d'y ajouter la quantité d'eau nécessaire pour ramener la terre à un bon état d'humidité. On ajoute la même proportion d'eau aux pots montrant le même développement.

Au bout de 15 à 20 jours en comparant le développement des plantes des divers pots, on peut apprécier la valeur des différents engrais. (*Voir figure 2*).

On voit que cette méthode permet d'étudier les besoins en engrais des terres arables, et non des plantes. Ces dernières ne servent que d'indicateurs.

Il n'est pas nécessaire de faire développer les végétaux jusqu'à leur maturité, d'ailleurs ; la chose ne serait pas possible avec une aussi minime quantité de terre. En fait, là où il se produit des différences provoquées par l'engrais que l'on a ajouté, ces différences se manifestent presque dès le début du développement des végétaux, et il n'est pas nécessaire de les faire développer pendant plus de 20 à 25 jours après le moment où on les a transplantés dans les pots.

TABLE DES MATIÈRES

TABLE DES FIGURES

www.ingramcontent.com/pod-product-compliance
Lightning Source LLC
Chambersburg PA
CBHW050526210326
41520CB00012B/2458